高密度科创产业园区
立体化实践

杨旭 著

中国建筑工业出版社

图书在版编目（CIP）数据

高密度科创产业园区立体化实践 / 杨旭著. —北京：中国建筑工业出版社，2021.12
ISBN 978-7-112-26782-8

Ⅰ.①高…　Ⅱ.①杨…　Ⅲ.①科技工业园区—建设—研究—中国　Ⅳ.①TU984.13

中国版本图书馆CIP数据核字（2021）第211520号

责任编辑：何　楠　陆新之
责任校对：王　烨

高密度科创产业园区立体化实践
杨旭　著

*
中国建筑工业出版社出版、发行（北京海淀三里河路9号）
各地新华书店、建筑书店经销
北京雅盈中佳图文设计公司制版
天津图文方嘉印刷有限公司印刷
*
开本：787毫米×1092毫米　1/16　印张：11¼　字数：188千字
2021年10月第一版　2021年10月第一次印刷
定价：**158.00**元
ISBN 978-7-112-26782-8
（38559）

序言

深圳是一座追求创新的城市，汇聚了大量的科技创新型企业。这些企业由初创到成熟发展非常迅速，他们对城市的需求、对产业空间的需求也在迅速改变。从早期的工业园、产业园、科技园，到今天的科创产业城区，深圳的科创产业空间经历了清晰的代际演进，对于城市的发展、对于科创产业的发展均产生深远影响。我认为，在科创产业空间的演进过程中，创新是核心动力。

杨旭是我设计团队中的核心成员，与我合作近二十年。他基本功扎实，观察力敏锐，也富有创新意识，擅长复杂型城市设计与公共建筑创作。在过去十年中，他专注于科创产业空间的创作与实践，与我配合、带领设计团队完成了多个城市层级的、高容积率、高密度的科创产业城区设计，例如："深圳湾科技生态园""留仙洞创智云城""南山科创中心"等。他通过大量的实践，总结过往设计经验，思考未来发展趋势，系统性提出科创产业城区的立体化策略。我非常欣慰看到他在专业上的坚持与收获。

《高密度科创产业园区立体化实践》一书的出版，既是杨旭与团队对科创产业城区领域实践的总结，也是与同行毫无保留的交流。希望杨旭能够在科创产业城区领域，带领团队有更多原创性设计与前瞻性探索。

中国工程院院士、全国工程勘察设计大师
深圳市建筑设计研究总院有限公司总建筑师
2021 年 8 月于深圳

毕业后，有幸在孟建民院士的指导下，开始了创作、实践、研究的建筑师职业生涯，至今已近二十年。工作期间，我获得了很多有技术挑战、有学术价值的项目机会，在复杂型城市设计、科创产业城区与公共文化建筑领域均有实践，并逐渐对科创产业城区领域产生兴趣。

深圳是一座年轻而富有活力的城市，其城市建设经历了近四十年的超速发展。早期的速度来自于特区政策的推动，而近年来则得益于科技创新型企业的推动。数量众多的科创企业，对深圳社会经济发展与城市建设产生深远的影响。科创企业在发展过程中，推动其空间载体的发展。科创产业空间由单点到群体，由平面到立体，呈现出鲜明的深圳特色。

众所周知，深圳土地资源极为稀缺，其城市建设发展阶段已由增量进入到存量。由于对产业生态圈的依赖，科创企业的聚集度不断增加，在部分城区呈现出高密度与高容积率的趋势，仅南山区粤海街道办就有近百家上市公司。由于土地稀缺、基础设施不足、公共空间匮乏等问题，传统的科创产业空间制约了科创企业的进一步发展。

在孟建民院士的指导下，我与团队完成了多个高密度科创产业城区的实践：以"多层地表"为理念，打造立体产业空间的"深圳湾科技生态园"；以"企业活力环"为理念，激发产业空间活力的"留仙洞创智云城"；以及以"生态雨林"为理念，营造产业生态系统的"南山科创中心"。通过十余年的探索与努力，为深圳的科创企业提供了高品质的产业发展空间。

经孟建民院士的提议，我与团队将实践经验进行总结与提炼，将产业空间的理论探索与企业的人本需求相结合，提出了立体多维、开放活力，复合多元，未来可变的理念，并系统性提出科创产业城区的立体化解决策略。《高密度科创产业园区立体化实践》的出版，既是对过往的总结，更是对未来的期待。

杨旭

2021 年 8 月于深圳

目录

第一章
城市与产业

概况

在全球范围内，深圳的城市发展堪称速度与质量的范例。40 年对于一个人是漫长的，而对于一座城市却是极其短暂的。深圳就在 40 年内，由小村镇成为千万级人口、经济发达、科技创新受全球瞩目的城市。深圳的高速发展，得益于时代、政策等诸多因素，而产业的高速、健康发展，也是城市发展的核心动力之一。

40 年来，深圳的城市建设与产业发展取得了极大的成就，从"三来一补"加工贸易起步，到逐步成长为以高新技术产业为主导的产业集群，深圳大致完成了三个阶段的产业升级：第一阶段的深圳加工，第二阶段的深圳制造，第三阶段的深圳创造。阶段的跃升促成了产业跨越式发展，深圳产业实现了从模仿向自主创新，从要素驱动到创新驱动的历史性转变。

伴随着产业的升级，深圳城市产业空间也显现出清晰的发展阶段。从早期的工业园、产业园、综合园区到今天的科创产业城区，深圳的产业空间载体在持续进化中。由于对于科技创新产业的高度重视，深圳的产业空间逐渐连片成区，与城市融合共生，形成了多个产业城区。深圳的产业发展，尤其是科创产业发展，深刻地影响、改变了深圳城市空间发展格局，是"产城共融、产城互促"的最佳诠释。

1979 年，国务院批复撤销宝安县建立深圳市，开启了中国乃至全世界城市建设的一次试验。"深圳经济特区"在 1980 年 8 月正式设立，深圳的城市建设及产业发展也随之启动。

深圳的城市建设，最早始于蛇口及罗湖的开发，到 20 世纪 80 年代中期以后，深圳全面进入经济开拓发展阶段。随着特区管理线、口岸、港口、公路建设的全面展开，初期开发的城市节点功能得到强化，罗湖、上步、南头、莲塘、沙河等商业办公和工业区的发展，带动了周围地区的城市建设及经济发展。同时，成片区的城市开发得以推进，使得各个组团及重点建设板块迅速成长为新的增长中心，并在地域上各自成为一体，呈现出"点状岛式"的城市格局（图 1-1）。

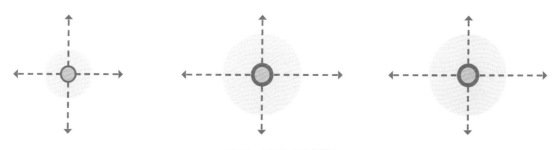

图 1-1　点状岛式城市空间

与此同时，深圳的城市规划所确定的几大工业区也相继进入建设阶段，如华侨城工业区、科技工业园、车公庙工业区、沙河工业区、南头工业区、南油工业区等。大多数统一规划的工业区均沿东西向的深南大道两侧布置，呈串珠状分布在各增长中心的边缘地带，从而带动城市整体空间向东西两翼扩展。这一趋势既反映了大规模的工业区建设是该时期城市发展的重要驱动因素，又透射出城市空间结构受工业用地规模及布局的影响较大。

20 世纪 80 年代后期，深圳基本形成了起步时期以工业园区为本底的产业空间特点。此时期，深圳尚未有明确规模化的产业方向。产业空间的功能也较为初级，多为基础的生产厂房，同时以优惠的政策和廉价的土地为优势，以低附加值的劳动密集型传统制造加工业为主要功能，以厂房出租的方式进行运营。

这一类型的工业园区产业定位单一，与城市的关系较弱，往往只负责解决生产空间的建设，配套功能极其不完善。在空间布局层面，以大规模的生产制造空间为主，网格化铺开，土地切分碎片化且开发强度偏低。由于缺乏统一的管理，早期工业区中配套设施缺乏，公共空间极少，碎片状掺杂布置少量的员工宿舍、餐饮、零售店铺等基础生活设施，整体建设容量与空间品质均不佳，这一时期可称之为"产业城区初创起步阶段"。

进入 20 世纪 90 年代，随着改革开放浪潮在全国范围内展开，深圳的政策优势已不再明显，并在人才、资源和市场方面遭遇激烈竞争，经济的发展也受到了一定制约，"三来一补"企业开始逐步外迁，城市建设重点转向公共配套建设，如图书馆、科技馆、体育馆、博物馆、大剧院等一批市级公共设施就是在这一时期建成的。城市公共配套设施的建设既增强了城市的整体服务功能，也促使城市建设由快速扩张转入了稳步发展。

该时期，以南头、莲塘、沙河等为代表的城市组团与先期建成的罗湖、上步组团以及沙头角、蛇口等城区呈现出联动发展的态势，在整体空间上形成了既紧密联系又相对独立的多组团结构，组团功能也开始差异化：如以商贸为主的罗湖组团；以行政、工业为主的上步组团；以旅游为主的华侨城组团；以工业、文教为主的南头组团以及以工业、港口为主的蛇口组团等。北环大道和滨河大道的建设，将原"点状岛式"的城市结构进行了串联，且随着各中心组团的发展，组团间距减小，深圳的城市建设逐步进入"带状式"发展阶段（图1-2）。

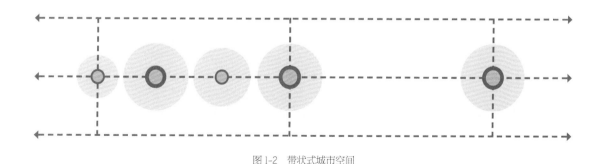

图1-2　带状式城市空间

随着特区内的传统工业区逐步外迁，深圳开始将发展高新技术和第三产业放在突出位置上。1991 年，深圳市委、市政府颁布了《深圳经济特区加快高新技术及其产业发展暂行规定》，深圳高新技术产业开启了新的时代。"以先进工业为基础，结合第三产业为支柱，积极发展高新技术，促进产业空间的快速发展"和"科技兴市"成为深圳的发展战略。深圳以高新技术产业和先进制造业为基础，对数字信息、生物医药、新型材料等新兴产业进行重点发展，产业布局自中心逐渐向城市外围扩散，力求形成深圳数字信息产业基地和高新科技产业集群的雏形。

1995年，《中共深圳市委、深圳市人民政府关于推动科学技术进步的决定》对高新技术产业进行了进一步布局，对园区的科学规划和高新技术产业开发区的建设发展提出了新的要求。1996年，深圳市政府将高新技术产业村、深圳科技产业园、中国科学技术开发院予以整合，拟建设为完整的"高新技术产业园"。1997年，《深圳市高新技术产业园发展规划》正式提出，这是深圳产业城区形成的基础。

在此期间，产业园区建设方主要以政府主导下的园区开发公司为主，承载功能主要以为外向型产业、电子及通信设备制造业等为多，其资源要素也由传统的劳动密集型向资本密集型过渡。园区功能虽仍以生产、产品制造为主，但自发性的技术研发及商务办公开始出现，生产性服务功能开始萌芽。同时开始建设居住、教育等配套设施，逐步形成了以研发区、工业区、生活保障区为组合的，具有明晰功能区的第二代产业园区，由初期的工业区开始，进入了科创产业城区的"培育加速期"。

2001 年，深圳发布了国民经济和社会发展第十个五年计划纲要，纲要提出要在 2001–2006 年期间，加快城市产业布局调整，并根据西、中、东三条轴线指向，实行产业梯度推进，重点培育以福田中心区、罗湖金融商贸中心区的两大中心，以及发展西部产业走廊、培育东部产业走廊、形成中部产业走廊为主的三大走廊城市经济布局，并由西向东建设形成辐射珠江三角洲的产业带，从而由点及轴，以轴带面，推动各个区域的协调发展[1]。

在这个时期内，深圳的城市建设以特区带状走廊为核心，以对外交通线为依托，形成了沿东、中、西的三条发展轴，轴成放射式扩展，并以圈层梯度的方式推动了城市空间的放射式发展。特区内城市组团逐步集约化、紧凑化，除东部组团外，各组团相互融合，逐渐演化为福田、罗湖组团和南山组团两个规模较大的城市中心，建设重心不断西移。结合南北两条发展带、自然山体及生态保护区，形成三轴两带的"多链式"城市空间结构（图1-3）。

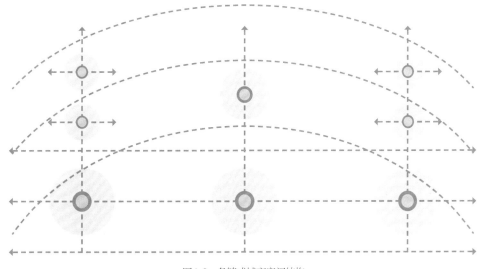

图1-3　多链式城市空间结构

在快速发展时期，"土地紧缺、能源资源、人口扩展、生态环境"等问题日趋严重，反向推进深圳加快产业转型。为进一步拓展深圳经济、社会的发展空间，政府将主要精力放在了扶持高新技术产业上，以期进一步提升深圳高新技术经济的整体实力与规模。

2001年，深圳市政府做出开发建设"深圳高新技术产业带"的决策。作为深圳高新技术产业发展的主要空间载体，政府通过了一系列产业布局以及土地利用规划，并通过产业集聚手段，形成了电子信息、生物医药、计算机与通信、化合物半导体、新材料、新能源等专业园区及产业集群。

2006年6月，国家批准深圳为全国首个创建国家创新型城市试点，创新发展成为城市主要战略，高新技术产业得到空前发展。在短时间内，深圳成为我国高新技术产业发展最为集中的城市，促进了产业城区进入新的发展时期。以高新园区、留仙洞园区、大学园区（大学城、深圳大学、深圳职业技术学院）、石岩园区、沙井松岗园区、光明园区、"龙观坂"（龙华、观澜、坂田）园区等为代表的各类高新园区及组团产业区，形成了定位明确、分工协作、互为补充的规模化产业城区经济。

科创产业城区作为产业发展的空间载体，其功能逐步以科技产业制造，研发复合为主，服务功能的比重显著提高，生产功能的比重迅速下降，研发、总部办公逐渐成为需求主体，生活配套的容量和品质得以提升。为不断吸引高科技人才加入，以促进科技生产力的提升，该时期的产业空间呈现出多元化的发展态势，在上一代产业园的基础上逐步体现出空间的差异化。通过对不同企业、不同产业的功能回应，同时大幅度提升园区的环境品质和配套容量，来满足科创产业人群的基本需求。植入景观广场、公共绿地、休闲设施等手段，创造出舒适的公共空间从而促成内部交流（图1-4）。产业城区与城市之间开始建立功能、空间、流线的互动关系。同时，由于各类配套设施比重加大，使其与城市关系愈加紧密。园区建设方也逐步呈现出多元化，社会资本开始参与建设和运营，虽然仍然存在综合性配套不足、高品质公共空间缺失、产业城区（园区）开放度不够等问题，但这一时期的深圳产业城区，已明显进入"快速发展时期"，为后续向高密度、立体化方向迭代发展打下了基础。

图1-4 未来科创产业园愿景

第四节
更新迭代时期

进入 21 世纪，深圳经济总量高速增长，常住人口数量快速上升，以土地为代表的城市资源愈发稀缺，城市建设呈现出高密度、高容积率、多中心、网格式发展态势，同时一系列政策也助推深圳产业城区进入迭代发展时期。

随着城市的不断发展，此时期深圳已基本形成依托前海—后海及罗湖—福田双中心的支点布局。深圳的城市地理空间一直受到沿海山地地形的牵制，在国家战略和深港合作的支持下，城市空间突破传统，妥善结合原有的自然山体地貌及自然生态保护区，向北逐渐贯通形成东、中、西三条发展轴，自然地貌南北两侧两条发展带沿海岸线方向持续拓展。各市、区级中心组团逐渐形成，组团空间结构持续优化和强化，并通过快速发展的公路网、轨道交通网紧密连接，促进了组团之间的功能融合，城市建设发展质量匀步提升，最终呈现出清晰的"双中心网状组团结构"（图1-5）。

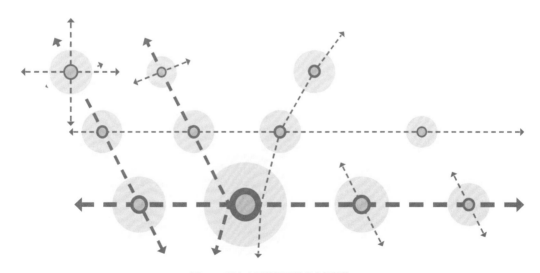

图1-5 双中心网状组团城市空间结构

2013 年，为促进城市土地资源的盘活，深圳发布了关于优化城市空间资源配置、促进产业转型升级等一系列文件和政策，对工业用地供应及价格、工业建筑管理、闲置工业土地管理等方面提出了新的要求。同时，加大了创新产业发展空间资源的多渠道供应，并将土地供给按照梯度来管理实施，鼓励利用与周边地区的比较优势发展产业空间，以支撑深圳新兴产业发展。为进一步解决产业空间发展不足的瓶颈，深圳出台了《深圳高新技术产业园区发展专项规划（2009—2015）》，通过提高和设立产业门槛，有序撤出低端的劳动密集型产业，为高端产业和创新产业提供空间，通过底线约束和"腾笼换鸟"[1]，来实现产业的升级和优势产业城区的成型。在高新产业的空间布局上，开始实施研发空间与制造空间的分离。城市核心区为企业的研发机构，分布在各产业园区内，而制造加工部门则被迁往产业带沿线的其他园区，从而实现优质资源差别化配置。

在经历了工业园、产业园、综合园区的发展后，深圳产业城区建设也迎来了新挑战，进入了整体迭代时期。中心城区传统意义上的工业园区逐渐被综合型、科技含量高和效益产出高的产业城区所替代，出现了向都市型工业园区、研发办公复合型园区、高科技产业园区转型的趋势。在城市土地稀缺和产业快速迭代的背景下，产业城区建设开始呈现出明显的高密度发展态势，其容积率不断攀升，建设容量也水涨船高。此时期，园区的规划理念逐渐趋于开放，对法定图则的用地性质和开发强度进行弹性规定，鼓励提高土地利用的灵活性和复合性，并在立体方向上寻求空间拓展的潜能。同时，产业的发展、社会的进步及知识型人才的需求对产业空间的建设提出了全新的要求，产城融合的理念开始被广泛接受并付诸实践。通过对创新型产业用房设施比例的调整，公寓、商业、公共服务设置等功能开始大量伴随园区配建，园区的开放程度大幅上升，公共空间的容量及质量得以明显改善。

然而，土地的稀缺客观上推高了开发强度，带来了如交通拥堵、职住平衡严重不足等问题。政府通过政策开始引导企业通过租赁、购买生产、配套住房等方式解决发展空间问题，并通过完善住房保障制度，提供集体宿舍、人才公寓，加大公交及地铁建设力度等方式，来回应城市核心区产业人群的基本生活诉求，但高密度开发带来的弊端仍十分明显。"立体化"思维开发建设园区成为新的探索趋势，以深圳湾科技生态园、留仙洞总部基地为代表的一系列高密度、立体化园

1.百度百科：腾笼换鸟是时任广东省委书记汪洋在2008年5月29日以《中共广东省委、广东省人民政府关于推进产业转移和劳动力转移的决定》文件形式正式提出，也叫"双转移战略"。具体指：珠三角劳动密集型产业向东西两翼、粤北山区转移；而东西两翼、粤北山区的劳动力，一方面向当地第二、第三产业转移，另一方面其中的一些较高素质劳动力，向发达的珠三角地区转移。

区得以设计建造，其创意多以低碳生态、产业转型、创新空间为主线，且愈发关注人文以及城市生活的人本需求，以"立体化"的解决思路，应对复杂的城市问题，并通过多学科协同的集群设计，建立公共参与和协商机制，试图提升产业城区的公共空间品质与城市环境。

"立体化"的产业城区迭代，是以知识产出型、创造型产业为背景产生的，它一方面反映了深圳在土地等资源极度稀缺后的应对结果，同时也传递出产业城区逐步融入城市，回归人本需求的必然趋势，在这一过程中积累的经验成为深圳乃至全国产业城区发展的典范。

2017 年 7 月 1 日，《深化粤港澳合作 推进大湾区建设框架协议》在香港签署；2018 年 1 月，国务院发文同意撤销深圳经济特区管理线，实施深圳全市域统一的城乡规划建设管理。

2019 年 2 月，国务院印发《粤港澳大湾区发展规划纲要》。

2019 年 8 月，《中共中央 国务院关于支持深圳建设中国特色社会主义先行示范区的意见》发布。

2021 年，深圳市政府发布《深圳市国民经济和社会发展第十四个五年规划和二〇三五年远景目标纲要》。

"……培育战略性新兴产业集群，建设产业合作发展平台，构建高端引领、协同发展、特色突出、绿色低碳的开放型、创新型产业体系……"[1]

"……发挥作为经济特区、全国性经济中心城市和国家创新型城市的引领作用，加快建成现代化国际化城市，努力成为具有世界影响力的创新创意之都……"[2]

"……加快实施创新驱动发展战略。支持深圳强化产学研深度融合的创新优势，以深圳为主阵地建设综合性国家科学中心，在粤港澳大湾区国际科技创新中心建设中发挥关键作用……"[3]

"……推进传统工业区和产业园区向新型产业社区转型，探索建立"产业园区 + 创新孵化器 + 产业基金 + 产业联盟"一体化推进模式，打造一批示范工业园区。推广"定制产业空间"模式，推动由"项目等候空间"到"空间等着项目"，实现有优质项目就有承载空间……"[4]

1.《深化粤港澳合作 推进大湾区建设框架协议》，2017-07-01。　　3.《中共中央 国务院关于支持深圳建设中国特色社会主义先行示范区的意见》，2019-08-09。
2.《粤港澳大湾区发展规划纲要》，2019-02-18。　　4.《深圳市国民经济和社会发展第十四个五年规划和二〇三五年远景目标纲要》，2021-06-09。

伴随一系列国家战略的出台，深圳编制出台新的国土空间总体规划（2020-2035 年），提出了深入实施"东进、西协、南联、北拓、中优"，推动全市域高质量一体化的发展战略。并形成以山水林田湖草海为基底、生态廊道为屏障、复合交通骨架网络为支撑，延续多中心、组团式的空间结构（图 1-6）。

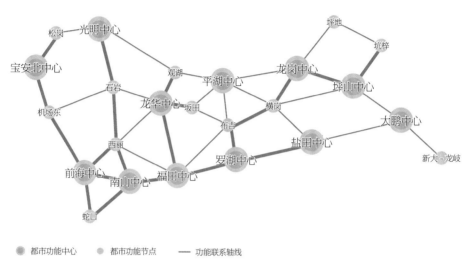

图 1-6　多中心 + 组团式的城市空间结构

以福田、罗湖、南山和前海深港现代服务业合作区为基础，将宝安区的新安、西乡街道，龙华区的民治、民华街道，龙岗区的坂田、布吉、吉华和南湾街道等区域纳入都市核心区范围，促进都市核心区扩容提质，承担大湾区核心引擎功能，成为集中体现深圳高质量发展和国际化功能的中央智力区、中央活力区。打造 12 个城市功能中心，推动形成市域范围内布局相对均衡、功能差异化分工协作的多中心空间格局。培育 12 个城市功能节点，承担所在片区的商业、文化、教育、医疗等公共服务功能，并以空间网络联系的方式，促进全市各城市功能中心和城市功能节点之间各类资源要素高效便捷流动。

经过多年的探索与实践，深圳明确了以创新为主要支撑和引领的高新技术产业发展模式，促进构建"基础研究 + 技术攻关 + 成果产业化 + 科技金融"全过程创新生态链。在特区、湾区、自贸区、自主创新示范区多重身份的组合下，深圳高新技术产业不断呈现新业态和新模式，新一代信息技术、生物医药、数字经济、高端装置制造、海洋经济、碳中和经济成为新的产业发展方向，其科技附加值及人才聚集性进一步凸显，深圳也力求成为全国、甚至全球产业科技的创新中心。

伴随国家战略及产业发展背景的变化，深圳的产业城区加速进入"提质升维时期"，城市功能与产业园区加速融合，"产业城区"的形式与内核进一步清晰。一方面，基于"立体化"的高密度产业城区得以进一步延伸、发展。另一方面，新兴产业的快速兴起，对产业空间的迭代速度和适配性提出了极高的要求，一种以"立体化"组合"弹性空间"的产业空间模式开始逐步演化形成，传统的研发、办公、生产、配套功能的边界在这一过程中逐渐模糊、融合，"产城活力区"的概念被进一步提出，即：产业园区不再以简单承载产业功能为目标，而是加速向核心城区、向城市综合功能、向城市活力回归。

科技的进步带来了人们工作、生活方式的巨大改变。互联网、5G、人工智能技术的长足进步，使得传统园区的物理边界不再重要，在通过"立体化"方式解决了高密度园区基本的工作、生活、交通需求之后，人们对于多元化、高品质的交往空间诉求急剧上升，对知识型人才的"知识溢出"追求也已成为企业发展的重要驱动力之一。未来的产业城区希望将各类物理空间与城市各个层面要素进行高度融合，"产业园区 + 创新孵化器 + 产业基金 + 产业联盟"的一体化推进模式，也将急剧改变传统"产业地产"的开发建设逻辑，过去以产业为基础加上配套城市功能的方式正被加速重构，以产业要素与城市协同发展的"新型产城活力区"将成为未来方向。

本章参考文献

[1] 张馨月.产城融合模式下新型产业园社区化设计策略研究 [D].广州：华南理工大学，2020.

[2] 张勇强.城市空间发展自组织研究——深圳为例 [D].南京：东南大学，2003.

[3] 白积洋."有为政府 + 有效市场"：深圳高新技术产业发展 40 年 [J].深圳社会科学，2019（5）.

[4] 曾钰桓.深圳产业空间载体变迁与规划策略研究 [D].大连：大连理工大学，2019.

[5] 赵广英，单樑，宋聚生.深圳规划建设 40 年发展历程中的城市设计思维 [J].城乡规划，2019（5）：103-113.

[6] 陈可石，杨瑞，刘冰冰.深圳组团式空间结构演变与发展研究 [J].城市发展研究，2013，20（11）：22-26.

[7] 贺传皎，王旭，李江.产城融合目标下的产业园区规划编制方法探讨——以深圳市为例 [J].城市规划，2017，41（4）：27-32.

[8] 筱臻.深圳先行示范 充分释放"双区驱动"效应 [J].人民之声，2020，28（2）：42-44.

[9] 贺传皎，王旭，邹兵.由"产城互促"到"产城融合"——深圳市产业布局规划的思路与方法 [J].城市规划学刊，2012，55（5）：38-44.

[10] 王小广.中国特色社会主义先行示范区怎么干 [J].瞭望，2019，38（31）：10-12.

[11] 周元春.开放不止步的深圳：从"三来一补"到勇攀全球价值链高端 [N].深圳特区报，2020-09-23（5）.

[12] 何鑫，刘淑芳.深汕特别合作区："飞地模式"崛起 [N].深圳商报，2019-03-25（5）.

[13] 中国锻压网.倒闭！深圳制造业三来一补模式悲剧 [EB/OL].[2016-11-14].（微信公众号：中国锻压网）.

[14] 市前海管理局.中国（广东）自由贸易试验区深圳前海蛇口片区概况 [EB/OL].[2020-12-22].http：//qhsk.china-gdftz.gov.cn/zwgk/zmqgh/ztgk/content/post_8365252.html.

[15] 楼市大事.深圳市城市更新网.2021 深圳规划大年，信息量超大！前海新总规、都市圈、地铁 5 期.[EB/OL].[2021-06-03].（微信公众号：深圳市城市更新网）.

[16] 汪聪聪.产业升级和发展方式转变的高阶模式——产业社区 [EB/OL].[2021-07-29].杭州城研中心（微信公众号：城市怎么办）.

本章图表来源

图 1-1：作者根据张勇强 . 城市空间发展自组织研究——深圳为例 [D]. 南京：东南大学，2003 改绘。
图 1-2：作者根据张勇强 . 城市空间发展自组织研究——深圳为例 [D]. 南京：东南大学，2003 改绘。
图 1-3：作者根据张勇强 . 城市空间发展自组织研究——深圳为例 [D]. 南京：东南大学，2003 改绘。
图 1-5：作者根据陈可石，杨瑞，刘冰冰 . 深圳组团式空间结构演变与发展研究 [J]. 城市发展研究，2013，20（11）：中插 22- 中插 26 改绘。
图 1-6：作者根据楼癫 . 从十四五规划看各区定位 - 光明区 [EB/OL]. [2021-07-19]. https：//weibo.com/ttarticle/p/show?id=2309404660586033053907 改绘。

第二章
发展与困境

概况　　深圳科创产业高速发展，产业空间随之升级迭代，科创产业城区的建设也进入了高质量发展时期。在高质量发展的同时，深圳的科创产业城区也面临着土地开发强度过大，产业用地、增量用地枯竭，职住不平衡，产业地产粗放开放等问题。这些不利因素制约了科创产业城区的进一步发展，甚至呈现出产城对立等消极趋势。

　　长久以来，土地稀缺一直是困扰深圳城市发展的核心问题。土地的稀缺带来地价上涨、产业空间过度商业化、高端化，与实际产业需求不匹配，甚至出现一边商业化产业空间闲置，另一边科创产业却无处落位的尴尬现象。同时，土地稀缺也导致开发强度过大，高容积率与高密度成为科创产业城区的重要特征，容积率 6.0 的科创产业城区在深圳成为常态，部分城市更新类科创产业项目容积率达到 10.0 以上，推动着科创产业城区向空中发展。

　　由于城市的城市化水平较高，部分科创产业城区已处于城市核心区域。但其定位却与上位城市规划偏离，仅关注于产业功能，而忽略了城市功能，导致其城市配套功能不足、交通规划滞后，引发了职住失衡、交通拥堵、活力不足等一系列问题。

作为一座高度城市化的城市，深圳土地资源极其紧张，早由增量发展进入存量更新阶段中。土地价格持续走高，优质资源"一地难求"，其土地开发强度已远超一般城市。在持续升级的产业优化策略驱动下，越来越多的大型高新技术企业选择入驻如"科技园"等热点地区，新兴科创产业和高新技术企业提出了更多的用地需求，与深圳新增建设用地逐年减少的事实形成了鲜明的对比，土地稀缺问题与落后的规划设计策划，已成为影响深圳产业城区长远发展的不利因素。

由于土地稀缺，深圳在政策上不再支持传统的高新区、开发区不断扩容。在土地增量有限的背景下，土地稀缺与地价高昂加速推高了产业城区内物业的租售价格，使企业进入园区的成本大大增加。与此同时，产业人群在科创产业城区的工作生活成本也加速上升，间接造成了对高新技术企业、高新技术人才的排出效应。例如，处于行业领先水平的电子信息科技公司华为，自1987年成立以来，其总部、研发部门、制造部门都位于深圳，但因为近年深圳不断高升的地价，可用土地锐减，2018年华为将部分制造部门搬至土地成本和运营成本更低廉的东莞松山湖片区。与华为作出相同选择的还有富士康、中兴等制造业行业龙头。这些趋势最终导致深圳产业加速外溢，也迫使城市更新呈现出去产业化现象，产业空间的碎片化也进一步加剧。

可以说，持续稀缺的土地及不断攀升的地价，已成为深圳产业城区进一步发展升级的主要障碍。新时期的产业城区建设模式，被迫从增量开发向存量优化及创新规划设计策略方向转变。

第二节
孤岛效应

早期的产业园往往布局在城市边缘，游离于城市核心区之外，产业空间（工业区）与城市的关系是相对割裂的。这导致城市与园区的互动和联系不足，资源无法实现优化配置，产业空间与城市生活区之间联系成本极高，限制了园区的可持续发展，造成了公共资源的浪费，产业园成为"城市孤岛"。

随着城市扩张，部分科创城区虽然进入了城市核心区范围内，但在规划定位、用地指标、功能配套等方面缺乏与周边城市的相融，既无法高效利用城市的优质公共资源，又无法承担起完善的城市功能，科创城区与城市之间的功能和公共资源共享被限制，形成了产城脱离甚至对立的现象。

在上位城市规划中，对科创产业城区会有整体设计与要求。但由于规划时序、产业迭代等客观因素，上位城市规划无法对科创产业城区作出精准的定位与预判，出现了地块用地性质频繁改变，园区与周边地块规划、环境不够协调等问题。同时，在城区设计阶段，对其与城市规划如何协调统一缺乏思考，过度强调产业园区内部功能及所谓形象的设计，忽视了建筑与周边城市的关系，加剧了与上位规划的脱节。

同时，部分科创产业城区出于自身环境或者管理安全的考虑，设置了大范围的围墙、绿化带等进行封闭管理，阻断了外来人员进入园区的路径，使园区成为不可达、不可知的封闭区域，限制了与周边城市的交流（图2-1、图2-2）。园区内部的广场、配套设施均不能与城市共享，其自身配套不足又导致了夜晚与周末缺乏活力，钟摆效应十分明显。部分园区缺乏面向城市的友好界面，高强度开发导致楼栋密集，阻碍了视线通廊，进一步加剧了园区封闭的负面形象。

图 2-1 鸿威科技园，采用围墙、灌木与城市隔离 图 2-2 南山软件园一期，采用大面积绿化与城市隔离

　　科创产业城区的封闭，极大地影响了城市肌理与尺度。这些在城市长时间发展后形成的具有一定规律节奏的街区路网与空间结构，既沉淀了城市记忆，又是真实的城市生活气息的体现。而部分大型的产业园项目在建设之初，便因庞大的用地范围，跨越多个地块整合的开发模式，忽略甚至改变了原有的城市肌理。必要的支路的缺失也阻碍了城市微循环，不仅延长机动车通行时间，造成拥堵，同时也影响了非机动车和行人的通行效率，阻碍了城市公共交通的覆盖（图 2-3）。

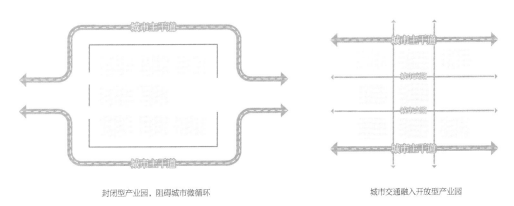

封闭型产业园，阻碍城市微循环　　　　　　　　　　城市交通融入开放型产业园

图 2-3 产业园布局对城市公共交通的影响

第三节
职住失衡

随着社会发展和人们工作、生活方式的改变,"24小时工作生活圈"的科创产业城区设计理念为越来越多的人所接受。一个可持续发展的产业园,其功能组成除研发、生产外,还需要有满足其使用人群需要的多种生活配套设施、居住空间以及公共活动交流场所,这一趋势在深圳尤为明显。

近年来深圳多数产业用地在出让阶段就提出了复合功能的要求,但仍有较多产业区域(园区)因片面追求优势产品及使用效率,忽略了生活功能及相关服务功能的完善,尤其是针对产业人群的优质居住、教育、医疗配套服务空间极度不足,甚至缺失。这种功能构成单一的产业园在投入使用后往往会出现使用不便、品质低下,园区运营缺乏活力等问题,其内容与城市的需求严重脱节(图2-4)。

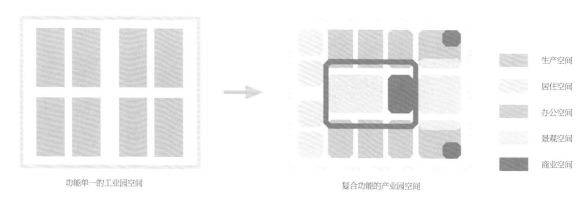

功能单一的工业园空间　　　　　　　复合功能的产业园空间

生产空间
居住空间
办公空间
景观空间
商业空间

图2-4 单一功能无法满足城市需求

以深圳南山科技园片区为例,该区域内的产业空间跨越年份较大,早期建设的园区往往更加注重生产,园区内建筑功能基本为研发办公及中试厂房,缺少生活服务配套,该类园区占比较大。因为生活配套缺失,企业员工下班后不会在此多停留,园区失去活力。随着时间推移,为满足办公人员的日常生活需求，中小规模的商业功能沿城市道路被动形成商业街区，例如在高新园南区，商业设施一般都呈现出分散或局部集中的布局方式，它们一般以服务本区域有限半径内的上班族和居民为主，迎合上班通勤时间，其在业态上也仅表现为商店、连锁经营形式的便利店、各类快餐店、餐厅等。虽局部改善了周边区域的基本配套，但在日益增长的建筑密度和就业人口面前，其业态、品质、容量均明显不足。

科创产业办公与片区内适配性居住空间比例的严重失衡，催生了庞大的通勤人群，极大地加剧了周边交通承载压力；而园区本身则陷入了平时拥挤、假日空置的困境，造成城市土地资源的浪费。

产业空间从传统园区向立体综合型园区发展的过程中，虽然服务设施基本满足日常生活需求，但缺少商贸、教育、医院、体育等更高等级的配套设施，与高科技产业人群追求的高品质生活标准仍有较大的差距，未能跟上城市发展的步伐，与现阶段需求脱节、对立，虽经过长期发展、更新，但这一产业空间与公共服务设施"失配"和"错配"的现象，仍比比皆是。

图 2-1　鸿威科技园，采用围墙、灌木与城市隔离

图 2-2　南山软件园一期，采用大面积绿化与城市隔离

　　科创产业城区的封闭，极大地影响了城市肌理与尺度。这些在城市长时间发展后形成的具有一定规律节奏的街区路网与空间结构，既沉淀了城市记忆，又是真实的城市生活气息的体现。而部分大型的产业园项目在建设之初，便因庞大的用地范围，跨越多个地块整合的开发模式，忽略甚至改变了原有的城市肌理。必要的支路的缺失也阻碍了城市微循环，不仅延长机动车通行时间，造成拥堵，同时也影响了非机动车和行人的通行效率，阻碍了城市公共交通的覆盖（图 2-3 ）。

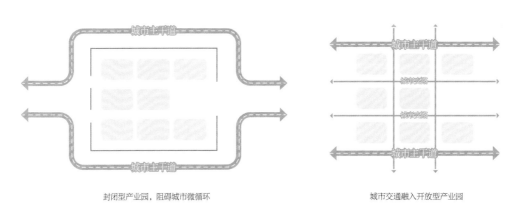

封闭型产业园，阻碍城市微循环　　　　　　　　　　　城市交通融入开放型产业园

图 2-3　产业园布局对城市公共交通的影响

第三节
职住失衡

随着社会发展和人们工作、生活方式的改变，"24小时工作生活圈"的科创产业城区设计理念为越来越多的人所接受。一个可持续发展的产业园，其功能组成除研发、生产外，还需要有满足其使用人群需要的多种生活配套设施、居住空间以及公共活动交流场所，这一趋势在深圳尤为明显。

近年来深圳多数产业用地在出让阶段就提出了复合功能的要求，但仍有较多产业区域（园区）因片面追求优势产品及使用效率，忽略了生活功能及相关服务功能的完善，尤其是针对产业人群的优质居住、教育、医疗配套服务空间极度不足，甚至缺失。这种功能构成单一的产业园在投入使用后往往会出现使用不便、品质低下，园区运营缺乏活力等问题，其内容与城市的需求严重脱节（图2-4）。

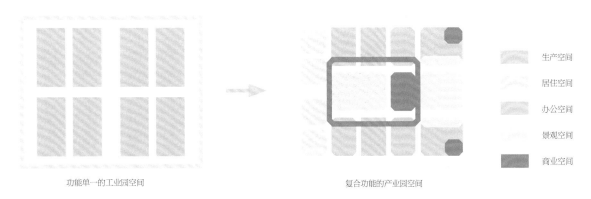

功能单一的工业园空间　　　　　　　　　　　复合功能的产业园空间

生产空间
居住空间
办公空间
景观空间
商业空间

图2-4　单一功能无法满足城市需求

以深圳南山科技园片区为例，该区域内的产业空间跨越年份较大，早期建设的园区往往更加注重生产，园区内建筑功能基本为研发办公及中试厂房，缺少生活服务配套，该类园区占比较大。因为生活配套缺失，企业员工下班后不会在此多停留，园区失去活力。随着时间推移，为满足办

公人员的日常生活需求，中小规模的商业功能沿城市道路被动形成商业街区，例如在高新园南区，商业设施一般都呈现出分散或局部集中的布局方式，它们一般以服务本区域有限半径内的上班族和居民为主，迎合上班通勤时间，其在业态上也仅表现为商店、连锁经营形式的便利店、各类快餐店、餐厅等。虽局部改善了周边区域的基本配套，但在日益增长的建筑密度和就业人口面前，其业态、品质、容量均明显不足。

科创产业办公与片区内适配性居住空间比例的严重失衡，催生了庞大的通勤人群，极大地加剧了周边交通承载压力；而园区本身则陷入了平时拥挤、假日空置的困境，造成城市土地资源的浪费。

产业空间从传统园区向立体综合型园区发展的过程中，虽然服务设施基本满足日常生活需求，但缺少商贸、教育、医院、体育等更高等级的配套设施，与高科技产业人群追求的高品质生活标准仍有较大的差距，未能跟上城市发展的步伐，与现阶段需求脱节、对立，虽经过长期发展、更新，但这一产业空间与公共服务设施"失配"和"错配"的现象，仍比比皆是。

第四节
空间失调

由于用地条件与所处区位的不同，目前科技产业园在空间形态容易出现两种极端表现：一种是城市边缘的摊大饼式开发，导致低密度、大尺度松散的空间形态；另一种是位于中心城区基于地价等因素的高密度开发。

低密度且松散的园区，由于外部空间尺度大，往往造成各建筑组团之间联系缺乏，不仅造成了土地利用率低下，还不利于未来的规划发展。而一部分采用高绿地率、低容积率和建筑密度的方法来实现绿色环境理念的园区，也因对人活动尺度的关注不足，将开放空间集中布置在园区某处，形成所谓核心景观，但可达性较差，且园区缺乏小型的开放空间，难以满足人群停留交流的需求，造成实际使用空间失调等现实。

单纯追求高容积率的科技产业园，往往只能通过牺牲外部空间与环境质量来获取开发强度。密集的建筑空间对城市和人形成了较强的压迫感，内部单一而重复的功能布局，也难以激发产业人员的交流及创造。光鲜的建筑形象下，往往徒有其表。

园区规划形态的两极化可能造成空间体验的不佳，而产业功能空间的单一化则可能直接影响产业未来的发展与转型。

城市中的产业园区功能已基本剥离了生产制造，剩余功能大致可以分为研发、中试、办公三类，根据不同区域、不同产业及经济发展的需求，比例会有所不同。

部分科创产业城区在前期策划时，其主导产业定位不清晰，在产业空间设置上缺乏多样性，只设置单一类型的产业用房，企业入驻后需要根据自身需求进行后期改造，造成一定的成本浪费。

尤其是在早期综合产业园集群形成阶段，企业难以预测未来的发展方向，可能产业园规划初期是普通办公楼，后根据市场需求转型为研发生产，原本的办公楼板无法满足大型设备荷载的需求，需加固楼板，带了成本的增加外；部分特殊产业还可能存在工艺及排放要求，对设备设施如有进一步诉求，仅能通过后期改造的方式实现，对园区的形象带来了较大的消极影响。

另外，传统产业园（工业园）空间，不能适配现代科研创造型企业在布局、配套和空间形态等方面的需求（图2-5）。除基本的研发、办公、辅助空间外，科研密集型的技术创新产业可能在企业发展中还会对实验室、数据、检测、中试产业用房提出需求。而在研发办公空间的需求上，人们对工作的舒适性要求提高，需要通过不断沟通和互动来获取信息与创新学习。企业间有大量的协作需求，在产业链各要素中开展密集交流，需要接待、商务洽谈等类型多样的交流空间。作为一个以知识密集产业为载体的科创产业城区，多样化、多层次的开放空间，是吸引人才、激发创造力的重要因素（图2-6）。

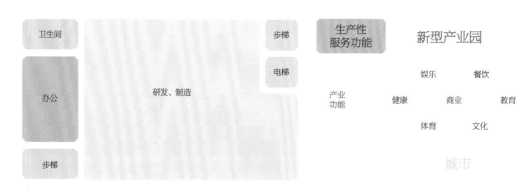

图 2-5　传统产业园功能单一，缺乏配套　　　　　图 2-6　新型产业园复合配套，满足城市需求

第五节
公共空间缺失

由于受传统生产制造功能的影响，传统的产业园空间单一，园区的形象感较弱，缺乏具有场所感的公共空间体验。与此同时，新建的产业园容积率较高，密度大，园区外部可利用的公共环境容量有限，且效率较低，不能为产业人群和城市市民提供高品质的公共场所功能，导致产业园缺少开放性，难以吸引园区外部人员进入，从而失去活力。部分产业园虽然公共空间数量满足，但往往品质较差，且缺乏持久运营能力，不能满足产业使用人群对高品质空间的需求。

以深圳科技园片区为例，虽有科技公园等几处经过规划的公园，内部景观小品、绿植种类丰富，公园内座椅、凉亭等基本设施完好，但缺乏活动内容，人流量小，使用率不高。部分研发办公前后设置有少量集中绿地，其余多为围绕在园区四周面积较小的绿化带，无休憩娱乐设施，且普遍缺乏后期维护，品质无法满足产业园使用人群需求，使用率低下。

图 2-7　高新技术产业园区中心广场

深圳科技园片区的城市广场数量也较少，仅在部分大型产业园公共空间充裕的地方存在，如高新技术产业园中心广场、创维大厦前的荟食广场和高新园创投广场等。从目前的使用情况来判断，其主要靠商业来吸引产业人群和市民，广场大面积为硬质铺地，道路两侧停放机动车，环境品质不佳，室外空间少有人在此停留（图2-7）。

近年来新建设的部分科创产业城区，如深圳软件产业基地等则在建筑群之间设置了中庭、水景、休闲座椅等，利用退台、屋顶等设置屋顶花园，空间环境与设施条件较好，能够为上班族提供私密性、半私密性的公共空间，为商务和日常生活提供了良好的交流平台（图2-8、图2-9）。但其他建设较早的传统园区，普遍存在配套设施不足、公共景观缺乏维护的问题，无法为产业人群提供合适的交流环境，导致公共空间活力缺失。

全民健身及运动设施也明显不足，高新园南区的公共体育运动场地大多属企业所有，部分运动场地仅向企业员工开放，少量运动场地向公众开放，但需收取一定使用费，因费用较高，周边居民很少使用。除企业所属的运动场，高新园南区西侧的深圳大学内有种类更丰富的体育运动场，除了上述运动场类型外还配备了田径运动场、高尔夫球场、游泳馆、网球场等，但仅有田径运动场向公众开放，开放性仍显不足。

图2-8　深圳创业广场中庭水景

图2-9　深圳软件产业基地利用退台做屋顶花园

第六节
交通承载力不足

交通是科创产业发展的基础条件，科创产业城区汇聚了大量从业人员，其工作性质及习惯决定了该区域的交通将要承担更大的疏解压力。出现了如公交网络覆盖面不全、轨道交通规划滞后、中微观交通及静态交通规划不合理、特殊时期交通持续过载等问题。

以深圳科技园片区为例，在高峰时段，常规公交只能承载一部分出行，地铁便成为人们的重要选择。目前，片区中人流量较大的地铁站是1号线的高新园站和深大站，仅能覆盖科技园南区约1/3的区域，但是中区和北区覆盖率则严重不足，较少的轨道站点不得不承受整个高新园区带来的通勤压力，片区内建筑密度、就业人口密度都很高，导致上下班高峰时期地铁站经常人满为患（图2-10、图2-11）。

图2-10 高新园站外人潮涌动　　　　　　　　　　　图2-11 高新园站内人满为患

由于道路规划的复杂、地势的高差，使得高新园南区和中区联系微弱，甚至呈现相互独立的状态，呈现出"宽马路，大街区，内封闭，稀路网"的城市路网形态，形成了高新园南区普遍路网密度不足的现状。部分主干道上设有隔离带，行人只能通过人行天桥、地下隧道、地铁站等过

街设施才能过街。由于过街设施间隔距离较远，上下楼梯使得行人出行便捷度降低。在主干道上部分路段过街需要等 3 个红绿灯，更是降低了公交出行最后一公里接驳的便捷度（图 2-12）。

图 2-12　深南大道与铜鼓路交会路口大量行人过街

在中、微观交通规划层面，由于通勤时间较长，区域内各类基础设施、公交站、地铁站等公共交通站点也较少，人们高度依赖私家车或者单位班车通勤，较大的停车位诉求不但增加了建设成本，同时对周边道路的疏解造成了巨大压力。每到早高峰，无数产业人群涌入科技园，而到了晚高峰，他们又从科技园涌出，呈现出"潮汐流"现象，加剧了原本路网密度较小，疏解能力弱的交通矛盾。另外，园区车行系统的设计很大程度也影响了内外车辆的通行效率，如车行出入口及停车场的设置未考虑对城市交通系统造成的影响，从而造成上下班高峰期道路拥堵。

静态交通及非机动车交通同样重要，因为产业园区各类车辆繁多，除了小汽车外，还有各类巴士、货运需求。上述特殊需求在落人、落货体系的设置上往往缺乏科学规划，从而阻碍道路通行。近年来，随着电子商务的迅速发展，快递和外卖业务渗透进城市各个角落，为降低成本，电动单车成为主要配送工具；另一方面，随着共享自行车的普及，越来越多上班族放弃乘坐公交或自驾车上下班，转而选择骑自行车这种绿色出行方式。由于政策所限，深圳并未设置大范围的非机动车道，非机动车只能被迫在人行道上行驶，通行不畅、人车相撞的事件时有发生。在产业园这种人群密集的办公区域，高峰期各类人群造成人行道拥堵的情况尤为普遍（图 2-13）。

图 2-13　深南大道与铜鼓路交会路口大量行人过街

随着深圳进入土地存量发展阶段，以城市更新为主导的城市空间发展成为常态，高容积率、高密度成为趋势，使得产业园区的建设面临更高的成本压力。土地资源有限，优质土地储备紧缺，土地资源配置不均衡的现象也逐渐束缚了产业的升级优化，城市建设策略的改变、产业地产开发模式的不成熟、叠加商业利益的驱使，使得产业空心化的现象逐步显现。

首先，产业空间出现商业化、高端化趋势，产业进入门槛被动抬高。

在高地价的压力下，为了快速回笼产业地产开发资金，部分开发企业往往以产业的名义拿地，进而获得一定数量配套的商业或住宅，并快速回笼资金。另外，其余的产业空间也逐步向高端办公楼产品演变，以获得更高的市场溢价。过高的租金与运营成本，使得市场上相当一部分的高层、超高层写字楼空置，出现了高门槛无人，低门槛无房的尴尬局面。这种发展模式表面上扩大了产业城区的容量，推动了产业空间品质提升，实际上过度执行地产的盈利模式，催生了一部分的投机者，甚至出现了采用产业用地打擦边球建商铺、类住宅等违规情况，不利于产业环境的长远发展。

针对上述现象，深圳政府发布一系列政策措施，如保证工业用地的总量规模，严格控制 M0（新型产业用地）的比例，厂房和研发用房不得采用"类住宅化"规划设计，禁止在工业用地上建设住宅、专家楼、商务公寓和大规模商业，加大产权分割面积，提高产业准入与分割转让门槛，全生命周期监管和土地使用权收回等措施。[1] 但在产业地产急速发展、城市高密度建设如火如荼的当下，如何处理好土地与产业实质、产业与商业融合、商业开发与政府支撑之间的关系仍是现阶段深圳科创产业空间建设运营面临的重要课题。

其次，开发建设模式不清晰，缺乏产业规划。

1.《深圳市人民政府关于印发深圳高新技术产业园区发展专项规划（2009-2015年）的通知》，深府〔2009〕158号

越来越多的社会资本进入产业开发，众多成熟的房企也都开展了产业地产业务，但相对传统商业地产的成熟模式，产业地产还处于发展阶段，其方法、路径、目标及模式均未得到长时间的验证。目前、产业城区的建设仍在相对追求规模的阶段，缺乏系统性的产业发展规划，对园区的运营模式、盈利特点、入驻企业的产业定位缺乏思考，造成园区内产业类型单一，各企业无法协调发展的局面，甚至引发园区内企业的不良竞争。在产业链愈加融合的经济背景下，产业园区的开发建设应注重配套开展产业发展规划的研究，尝试引导同一生产链上的不同类型产业入驻，以形成产业聚集，并鼓励不同企业间的交流协作，这将有利于构建产业园一体化集群。

现阶段的产业城区开发建设政策仍在不断完善当中，缺乏完备的政策和规范标准指导，无论是按用途划分，还是按照土地性质划分，都存在工业、研发、办公、配套等互相嵌套的模糊关系，产业地产中既有工业也有商业，对于其属于哪一地产类型往往缺乏明确的标准界定，这就造成在实行工商政策扶持时，产业地产可能面临申请政策优惠两难的尴尬境地。

产业地产因其发展和经营模式都与其他房地产行业有较大差别，尤其不同于商业地产的高周转模式，产业地产面临着从投入到建设直至运营回收的长线周期。部分产业城区可能经历十几年的时间，才获得持续良性的收益，与部分产业地产开发企业仅追求短期收益，抱着急功近利的心态快速赚取收益的出发点截然不同。对园区运营的忽视，将给产业地产行业的总体发展带来不良影响。

最后，产业开发缺少风险管控，不利于产业地产可持续发展。

中国城市化的高速发展，促进了房地产行业的蓬勃发展。开发企业对效率的期望长期处于较高水平。然而，近年来，由于缺乏对产业园区开发的长远定位，已经出现了因供需不平衡造成园区空置的现象。与此同时，政府的产业政策变化、城市规划调整也会给产业园区的建设带来不确定性，长周期投入带来的开发经营、资金持续等风险，都是产业地产在建设运营时可能会面临的难题，这些风险如果不及时处理，将成为产业园可持续发展的阻碍，进而迟滞产业城区的开发、建设并影响其向更加良性模式演变的速度。

本章参考文献

[1] 邓永强. 建筑设计在城市规划设计中的重要性分析 [J]. 商品与质量, 2017, 23 (25): 48.

[2] 张馨月. 产城融合模式下新型产业园社区化设计策略研究 [D]. 广州: 华南理工大学, 2020.

[3] 张萍. 公共服务设施与城市空间结构适配研究 [D]. 深圳: 深圳大学, 2017.

[4] 邵德超. 建筑设计在城市规划设计的重要性 [J]. 中文科技期刊数据库 (全文版) 工程技术: 00307-00307.

[5] 李景欣. 中国高新技术产业园区产业集聚发展研究 [D]. 武汉: 武汉大学, 2013.

[6] 吴芸. 城市规划与城市地价相互作用机理研究——以深圳经济特区为例 [D]. 南京: 南京农业大学.

[7] 罗梦婕. 产城融合背景下科技产业园复合化设计研究 [D]. 广州: 华南理工大学.

[8] 石七林, 汪文生, 董檬. 产业地产的发展方式及策略 [J]. 现代城市研究, 2015, 29 (1).

[9] 杨旭. 回归人本需求——深圳高密度城市环境下的产业空间发展研究 [J]. 建筑技艺, 2019, 25 (7): 124-125.

[10] 冯志艳, 黄玖立. 工业用地价格是否影响企业进入: 来自中国城市的微观证据 [J]. 南方经济, 2018, 35 (4): 73-94.

[11] 凌峰. 不捆绑住宅, 产业地产路在何方 [J]. 城市开发, 2019, 37 (12): 66-68.

[12] 吴逸凡. 产业地产四大开发模式及未来发展建议 [EB/OL]. [2018-08-21]. https: //mp.weixin.qq.com/s/toHaXhUCvrNkGuF-_HOiMA.

本章图表来源

图 2-1、图 2-2、图 2-7、图 2-8、图 2-9、图 2-10、图 2-11、图 2-12、图 2-13：孔辰承摄。
图 2-3、图 2-4：作者根据罗梦婕 . 产城融合背景下科技产业园复合化设计研究 [D]. 广州：华南理工大学，2020 改绘。
图 2-5：作者根据张馨月 . 产城融合模式下新型产业园社区化设计策略研究 [D]. 广州：华南理工大学，2020 改绘。

第三章
探索与实践

概况

在世界范围内，科创企业由城郊地区回归城市核心区域的趋势越来越明显。近年来，众多科创企业在城市核心区自发性汇聚，或在政府引导下聚集成区，例如纽约的硅巷、伦敦的硅环岛、深圳的高新园区。

通过对科创产业聚集区的比较分析，可深入解读科创企业与知识人才的真实需求，并探寻到科创产业与城市共生发展的内因。回归城市、适度聚集、立体多维、弹性可变等趋势，深刻影响了科创产业城区的发展。

结合深圳的科创产业特征，笔者与团队先后完成了三代科创产业城区的实践。第一代，以"多层地表"为理念，打造立体产业空间的"深圳湾科技生态园"；第二代，以"企业活力环"为理念，激发产业空间活力的"留仙洞创智云城"；第三代，以"生态雨林"为理念，营造产业生态系统的"南山科创中心"。通过实践，将产业空间的理论探索与企业的人本需求相结合，提出了立体多维、开放活力，复合多元，未来可变的理念，并系统性提出科创产业城区的立体化解决策略。通过十余年的探索与实践，为深圳市的科创企业提供了数百万平方米高品质的产业发展空间。

第一节
回归城市

随着科技与生活的高度融合，科创产业的发展与城市联系愈发紧密。城市的复合功能成为科创产业发展的必要需求，而科创产业又推动了城市的创新发展。近年来，国外的科技创新产业纷纷回归核心城区，产业活力与城市效益的结合，催生了产城共生的繁荣景象。

与传统认知有所不同，世界范围内的科技创新企业，已不再如以往的硅谷、新竹科学园一般，分布在城市的周边或远郊。尤其随着互联网信息技术的广泛应用，城市空间格局也迎来了新的变化，电子商务的迅猛发展使得传统的城市商业及服务显得不再唯一，科创企业的选址也更加趋向城市中心城区。纽约的硅巷、伦敦硅环岛就通过科创企业回归城市的方式，既带动了科创产业的发展，也复兴了城市中心区的活力。

纽约硅巷（Silicon Alley）是美国除硅谷之外重要的科技创意产业区，以科技信息、互联网等高科技新兴初创产业聚集而闻名（图3-1）。硅巷地处美国纽约曼哈顿下城区，一般认为其范围是围绕熨斗大楼、苏豪区、特里贝卡区等地区的互联网与移动信息技术企业群聚街区（图3-2）。

图3-1 纽约硅巷

图3-2 纽约硅巷范围示意图

硅巷的主要产业为社交网络、互联网技术等方面，在这里，科技与时尚、媒体、商业服务相结合，互联网的创新与增长不断涌现，硅巷的这一产业特点被也被称为"东海岸模式"（表 3-1）。

纽约硅巷行业数量及类型　　　　　　　　　　　　　　　表 3-1

所属行业	企业数量	备注
建筑设计	596	建筑设计、景观设计
广告传媒业	697	广告、公关服务
应用设计	1410	室内设计、摄影、影视制作
计算机业务	608	编程及系统设计
咨询业务	582	管理咨询、市场咨询、人力资源咨询
总计	3893	

纽约硅巷地处城市核心区，在美国科技股泡沫破裂时期，硅巷及周边区域出现了办公楼空置，创意不足，活力缺失及城市空心化等现象。20 世纪 90 年代中期，政府提出了一系列振兴计划，如鼓励创新产业入驻空置的办公楼，提供基础设施完善的商业配套，但收效甚微。2008 年的全球金融危机，却给"硅巷"带来新的生机。通过税收、基础设施收费减免等措施，纽约市政府成功地抓住了创业公司对城市核心区办公空间的需求，为众多具备互联网性质的企业提供了良好的创业场所，从而推动了硅巷的再次发展。在"数字纽约"计划的助推下，硅巷已聚集了众多科技企业，大量与创新发展有关的活动、交流、要素在此聚集，硅巷的繁荣再上新台阶。

硅巷的成功可视为科创产业回归城市中心区的典范。硅巷的企业分布中，大部分企业为科技创新研发类企业，具有高附加值，为其向中心城区集聚奠定了经济基础。通过政府干预与市场调控相结合的方式，纽约对企业的办公入驻成本进行调整，最大限度在中心城区提供实惠的土地、空间或资金政策，同时通过空间的聚集效应，将产业链上水平一流的各个企业重新吸引回城市中，进一步提升了硅巷在科技创新企业中的地位。目前，硅巷已被誉为继硅谷之后美国发展最快的信息技术中心地带。

从硅巷的经验来看，可清晰地看到科创产业，尤其是高附加值产业向城市核心区集聚的趋势。一方面，中心城区因为地价租金等特点，天然成为聚集学习、创新、研发、交流等多种功能的综合性服务街区，此类街区可以促进更好的企业间协同，也间接增进了空间使用效率的提升。同时，中心城市区具有完善的创新创业孵化体系，如强大的大学科研功能、各类社会资本、金融保障、融资平台等。这些要素都将降低中心城区科创企业集聚的空间成本，从而进一步加速科创企业回归城市中心城区的趋势（图 3-3、图 3-4）。

图 3-3　纽约硅巷典型科创企业分布

伦敦的硅环岛（Silicon Roundabout），也是通过科创产业回归城市中心区促进城市活力。伦敦硅环岛凭借其迅猛的增长速度，不但在创业孵化方面卓有成效，甚至有挑战世界金融科技中心美国硅谷国际地位的可能（图 3-5）。

"硅环岛"位于伦敦的东部，也叫做东伦敦科技城，以老街（Old Street）环岛为中心，向肖迪奇区（Shoreditch）、霍克斯顿（Hoxton）区域延伸（图 3-6）。各类科创企业聚集，形成了伦敦的高科技产业核心地带，这里也被誉为全球第三大技术企业集群区。

图 3-4　纽约硅巷初创公司分布图

图 3-5　英国伦敦硅环岛

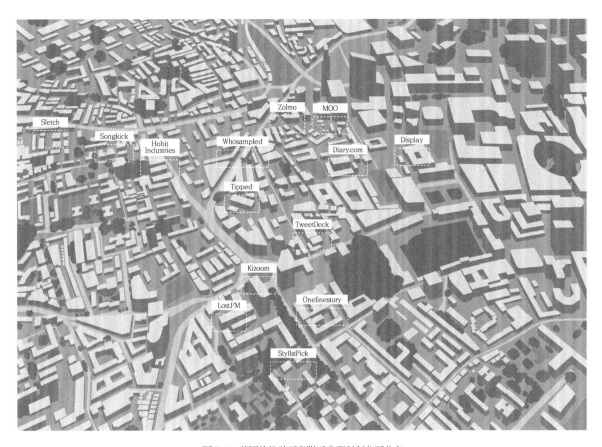

图 3-6 英国伦敦硅环岛附近典型科创公司分布

1992 年，伦敦东区第一次产业聚集。政府提出将伦敦打造为"创意之城"，一批艺术家们因为较低的房租自发性地进驻东区，随后艺术展览馆、酒吧、餐馆、独立设计师店铺竞相出现，城市活跃度大大提升，创造了一种具有潮流创新精神的文化氛围，但仅是文创产业并不能推动伦敦东区的经济大发展。

2010 年，产业向城市核心区再次聚集，政府提出了"用创新产业带动创意产业"的口号，并启动了"东伦敦科技城"项目。随着一系列扶持政策的实施，东区在科技创新产业的发展上成效显著。从 20 世纪初仅有的几十家科技企业，跃升到超过千家高科技公司聚集，其创新与人才密度均令人惊叹。

在伦敦东区的产业主要以文化创意与数字科技为主，通过高技术产业及尖端科技手段的牵引、加上时尚文化创意理念为引导的前端数字文化产业，两者相互融合，促进了产业链上下游企业的相互配合。

伦敦东区是城市核心城区之一，对于高新技术产业的回归具有突出的地理优势，可以给高科技产业为主的企业提供一条包括数字基础设施、孵化器、金融服务的完整产业链，同时，其传统强势的人才和金融支撑，通过服务体系获得不断强化，毗邻老金融城和新金融城金丝雀码头，更加提升了其作为核心区域吸引产业回归的魅力。

除了核心城区的地理优势，伦敦东区具有丰富的城市配套设施与高品质的生活环境，这与科创产业迫切的空间需求相吻合，提供了优质的文化生活服务空间、丰富的社会交往途径及创意休闲旅游场所。例如伦敦东城区经常会举办伦敦科技周、伦敦东区文化节、伦敦设计节、伦敦时装周等时尚与创意类活动，展示城市多元文化。伦敦东区作为伦敦的核心区，在交通、金融、基础设施、配套服务等多方面共同为硅环岛提供了产业发展的重要基础，也是科创产业选择回归城市的重要原因。

伦敦硅环岛成为欧洲最强大的高科技中心，彰显了伦敦在金融科技产业界的权威地位，高新科技产业的迅速发展也带动了该区域内以及周边配套设施的更新和城市功能的整体扩张。

纽约硅巷和伦敦硅环岛作为典型的产业城区，都是基于老的城市核心区从衰败到复兴的案例。这当中有政府的推动和市场的调节，更重要的是通过科技创新产业的置入，结合核心区域的传统优势资源，让城市空间重新充满活力。

产业生态圈的形成，其关键之一便是产业要素的聚集。最常见的方式是围绕核心企业进行不断的产业升级、革新、淘汰及融合，而这种过程反过来又促进了产业集群的不断壮大与升级。以核心企业带动科创产业聚集，埃因霍温便是典型代表。

埃因霍温高新技术园区地处荷兰、德国和比利时三个国家的交界地带，具有得天独厚的地理优势。园区主要是以高科技材料、食品与技术、汽车、生命科学与健康、设计等 5 大重点产业为依托，是荷兰规模最大，产业技术发展最快速的园区之一。世界专利统计数据库（EPO）的研究称，全荷兰 40% 的专利都来自埃因霍温高新技术园区，位列欧洲第二，堪称"欧洲大脑"。

1891 年飞利浦公司诞生于交通便捷的埃因霍温城区，19 世纪末，随着飞利浦公司的发展壮大，埃因霍温政府推行"大埃因霍温"城市联盟，埃因霍温初次聚集了许多初创公司共同发展，推动埃因霍温迈向现代工业城市的行列。

第二次世界大战后，飞利浦等大企业开始产业转型与扩张，为解决企业过于分散的问题，1998 年飞利浦高科技园区成立，政府将飞利浦等一系列高新科技园聚集在共同的园区内，与此同时，埃因霍温的高校侧重应用科学研究和应用型人才培养，为企业发展聚集了大量高素质的技术型人才。20 世纪 90 年代受全球化冲击，埃因霍温一度跌入低谷，幸而企业、政府、高校各司其职，保护了产业发展所需的各类技术要素得以聚集延续，使埃因霍温平稳度过了危机并快速恢复了景气。

2003 年"飞利浦高科技园区"更名为"埃因霍温高科技园"，2012 年飞利浦将园区出售给专业运营商 Chalet Group，原本封闭的研发专区向不同类型企业开放，园区新旧整合、开放创新，最终形成了综合性的高科技园区（图3-7）。适度聚集策略是埃因霍温高新科技园取得成功的重要原因。聚集包括对同类型产业链的聚集，如企业政府高校的政产学研结合模式：在高校里培养的科学研究和应用型人才直接输送到企业，为企业发展提供了大量的高素质技术型人才。另外园区开放创新的生态环境，也给不同类型企业之间的聚集带来了多样的碰撞和交流机会，实现了知识交流的高度集中，促进了科技及产业的创新。截至目前，埃因霍温高科技园区形成了一个由跨国公司、大企业、中小企业、初创企业、研究机构和服务型企业组成的开放创新生态系统，产业链上下游公司的高度聚集，推动了园区的进一步发展。

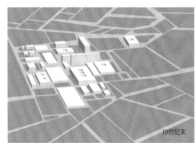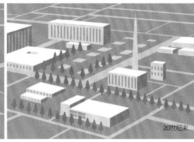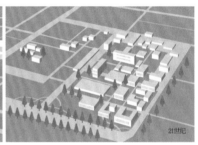

图 3-7　埃因霍温园区不同时期鸟瞰

为促进知识交换，"创造交流空间"理念被完全融合到园区的设计和运营中。通过连廊将园区内建筑群进行连接，在公共场地预留更多活动空间，促使园区内的科技人员、企业家形成有效交流。又如，在"交流街"里涵盖了八个不同主题的餐厅、会议中心、商铺服务、健身中心，最大限度将人群集中于此，以促进联系、交流、知识共享与合作。

园区为满足高科技研发人群全方位的需求，在原有产业园区特性的基础上融入了众多支撑功能。例如开放共享的研发机构、多功能实验室、研发设备共享服务等，以促进企业之间合作创新。此外，园区还不断完善服务体系，开设面向儿童的多语种育儿中心和幼儿园，提供设施完备的商业、娱乐场所和多国美食餐厅等，为园区顶尖人才解除后顾之忧。

埃因霍温高科技园区聚集了足够容量的产业、创新及交往要素，这一系列聚集推动了埃因霍温高科技园由小聚大，最终发展成欧洲最具科研价值的科技园区（图3-8）。

图 3-8　埃因霍温园区交流空间

第三节
立体多维

　　随着科创产业的聚集，世界上大城市均呈现出土地稀缺，人口密度攀升的状态，促使科创产业城区普遍向立体化、复合化、多元化发展，立体城市成为高密度核心区的必然选择。依托地下、地面、空中等基面的多层地面，形成复合式立体空间体系的多基面建设模式，是立体城市的重要表现形式。六本木作为立体城市综合体的典型案例，在多基面链接系统方面，进行了全面的探索（图 3-9）。

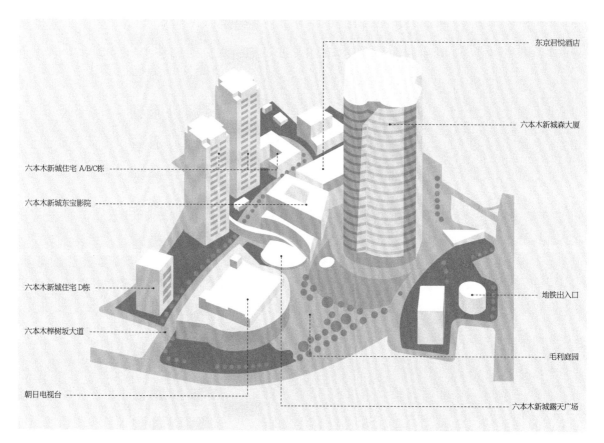

图 3-9　六本木鸟瞰

六本木下辖于东京的港区，是外国使馆聚集的区域之一（图 3-10），被誉为"未来城市建设的一个典范"，自更新之初，便试图探索具有立体多维的未来城市复兴模式及创新型的未来城市生活形态。

图 3-10 六本木区位分析

20 世纪 80 年代，东京开始了"城市复兴新政策"，意图提高城市生活环境的舒适度，从而吸引世界人才、资金和信息，促进日本经济的发展。1986 年，东京都政府启动六本木新城开发计划，项目不局限于单一功能的割裂式发展，未将使用面积全都用于办公写字楼单一功能建筑，而是整合了商业、办公、住宅、文化、娱乐、轨道交通等多个功能，通过各个产业之间的相互配合、协调，实现共同发展。在空间设计上，为使资源高效地在区域内部流动，六本木新城将人行流线作为首要关注点，在建筑设计中强化垂直流线，让立体空间变得高效便捷，为多基面建设打下了良好的基础（图 3-11）。

图 3-11 六本木交通分析

另外，六本木新城的建筑群并非单纯只增加容积率，而是希望形成一个可以影响人们生活轨迹的"垂直"立体都市。新城的设计将都市的生活动线由横向改为竖向，城市的交通流线从水平方向逐渐往垂直方向发展，通过多基面的交通等方式来提高行为效率。

首先，通过增加大楼的高度来增加多基面的功能类型，不同标高的功能通过公共空间连接，缩短了办公室与居住区之间的距离。除此之外，广场、公园等大量开放性空间的运用，将分散的土地整合了起来，增强了产业开发的整体性。

其次，多基面的立体交通将不同的功能在不同标高进行连接，利用轨道及地面道路的前瞻性规划，使地铁人流可以直达综合体的负一层，地面的机动车道交通也十分便利，停车位充足，设置有非机动车道路，形成一个完善的交通网络。在建筑群内部，结合自然地形对场地的高差进行消化处理，通过连廊、坡道、休闲平台、下沉式庭院等设施在综合体内组成了一个具有立体化、多层次的公共空间系统，形成了典型的多基面城市系统。

除了高密度的功能开发和多标高的交通连接，新城从多个维度考虑了都市人群的心理感受。通过立体开发形成的空中农场，满足了人们对未来生态城市的发展需求，既实现了市民在心理上对于休闲绿色生态空间的向往，又使整个城区的绿化面积大幅提升，形成了局部城市生态微循环体系。建筑物屋顶并不只是简单的草坪铺设，而是种植了水稻、菜地等可以食用的产物，让市民能真正与自然生态亲密接触（图 3-12）。

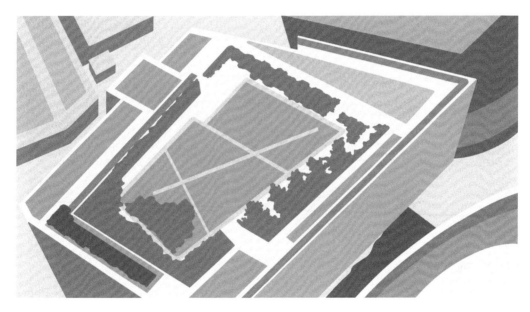

图 3-12　六本木屋顶绿化

六本木的立体城市发展理念，核心是建设多基面链接的集约型城市，将"垂直城市"的理念纳入其中，从而实现了城市立体化功能的集约、高效发展。

第四节
弹性可变

　　科创产业的快速发展催生了新兴的企业、人才、工作岗位及交往模式，传统单一的规划模式已很难跟上今天的需求。随着时间的推移，在产业城区的建设中，对其规划方向、功能设定、空间模式留有适当弹性，显得愈发必要。日本筑波科学城便是弹性规划的典型代表（图3-13）。

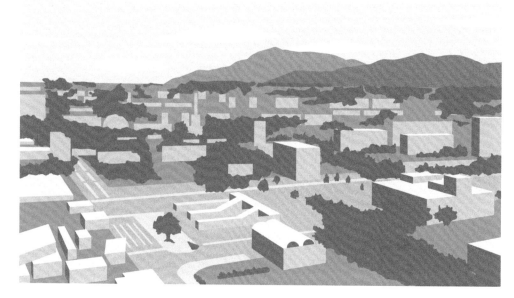

图3-13　筑波科学城

　　筑波科学城位于日本东京东北处，距离东京约60km，南北长约18km，东西宽约6km，占地面积约2700hm²，是一个"产、学、住"一体化的科技工业城市。

　　20世纪60年代初，日本政府出于缓解东京都市圈生态和社会发展压力的考虑，提出"技术立国"的政策振兴科学技术，于1963年做出了建设一个国家级科学城的决议，距离东京市中心约60km处的筑波科学城由此诞生。经过20余年的发展，科学城发展并不如预期理想。

20 世纪 90 年代，政府对以前的管理运行进行了反思，开始了新筑波计划，将筑波科学城定位为用于高科技信息、研究、交流的核心区域。为适应新的发展形势，1998 年，日本政府对有关规划进行了全面修订。

筑波科学城用地主要包括：研究学院地区和周边开发地区。研究学院地区包括国家研究与教育机构区、都市商务区、住宅区、公园等功能区。周边开发区主要用于设立私人研究机构。在不断的摸索过程中，筑波的城市规划变更了多版，基于对多功能融合的重视，园区在多年的发展过程中，对不同区块内的功能进行了反复调整与校正。

首先，在不同的板块之间采用混合布局，将居住，教育和中央区的不同功能板块不断细分后再混合，以中心区为核心，调整居住区与教育区的区块面积比例，从而达到生活模式弹性最优的区块比例（图 3-14）。

其次，筑波科学城虽然明确区分出了中央商务区、居住区和研究教育区，但是其公共空间和设施则呈现出丰富多样、密切融合的布局模式。其中居住区、商业、教育和医疗设施相对集中，但并没有出现单核心孤立的现象。基于不同功能之间的融合考虑，筑波科学园区结合分期建设，不断动态调整功能配比，并留有一定数量的混合性用地，以应对不同时期的功能需求改变。从筑波科学城的经验可以看出，其具有功能板块多样，空间层级丰富，功能多维融合的特征。在此基础上的弹性预留，使城区活力持久（图 3-15）。

除了规划与功能的弹性之外，城市与科创产业在快速演进的过程中，往往注重容量的弹性预留，以期通过新的规划及建造方式，实现园区在不同时期的容量增减，从而适应企业不同发展时期的需求。新加坡的纬壹科技城就是典型的预留弹性容量案例。

纬壹科技城的规划最早可以追溯到新加坡政府在 1991 年《国家技术规划》中所提出的科技走廊规划，该规划将纬壹科技城作为"科学栖息地"或"商业园区"，其目的是提供一个区域用于支持科技人才的创造性工作与非正式交流，从而发展知识密集活动来满足新时期创新经济发展的需求（图 3-16）。

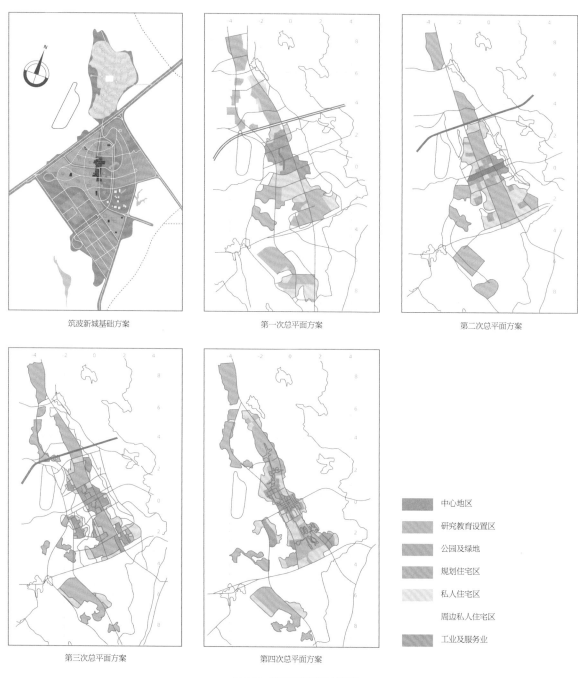

筑波新城基础方案

第一次总平面方案

第二次总平面方案

第三次总平面方案

第四次总平面方案

中心地区

研究教育设置区

公园及绿地

规划住宅区

私人住宅区

周边私人住宅区

工业及服务业

图 3-14 筑波科学城城市规划

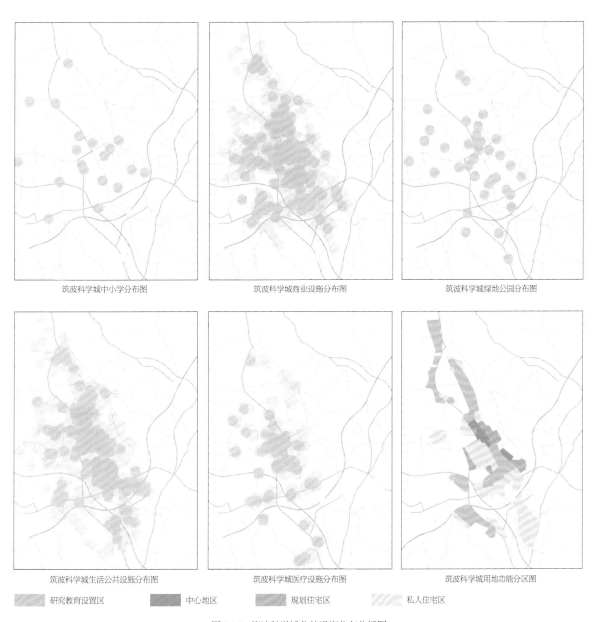

筑波科学城中小学分布图　　　筑波科学城商业设施分布图　　　筑波科学城绿地公园分布图

筑波科学城生活公共设施分布图　　筑波科学城医疗设施分布图　　筑波科学城用地功能分区图

研究教育设置区　　　中心地区　　　规划住宅区　　　私人住宅区

图 3-15　筑波科学城公共设施分布分析图

图 3-16　新加坡纬壹科技城园区鸟瞰

　　纬壹科技城位于新加坡西南部的女王镇（新加坡中部西南边缘的卫星住宅城镇），占地约 200hm²。其核心产业为生命医药科学、信息通信、环境科学与工程，以及数字创意多媒体。作为新加坡第三代现代新型产业园区，纬壹科技城从规划到开发建设，一直都是政府、企业、市民积极参与的项目，同时也是一个随着时间不断弹性变化、动态调整的高新园区（图 3-17）。

　　2000 年 9 月，裕廊集团被新加坡政府任命为纬壹科技城的总体开发商，同时还成立了由不同机构与部委最高管理人员组成的指导委员会、资源咨询小组、纬壹审查委员会以及软件改造委员会等，分工合作，共同负责纬壹科技城的规划、开发、市场推广与管理。这种跨部门、多机构合作的方式是为了确保之后科技城规划的质量与可靠性，为市场提供发展空间，确保其灵活性。

　　1998 年 9 月 15 日，新加坡政府宣布了以波那维斯达科学园（Buona Vista Science Hub）为核心的科学枢纽计划。2001 年 12 月 4 日，纬壹科技城正式揭开总蓝图。此时新加坡纬壹科技城尚处于存量增量建设模式，新加坡对于纬壹科技城园区制定了初步的分期建设园区模式，探讨了园区弹性容量的可操作性。

图 3-17　新加坡纬壹科技城园区分布图

2002—2014 年，纬壹科技城初步奠定了开发建设与产业发展的格局。首先启动 3 个核心产业集群聚集区—启奥城（Biopolis）、启汇城（Fusionopolis）、媒体城（Mediapolis），其中启奥城主要产业为生物医药领域的研发。作为最早开发的园区，启奥城吸引了全球众多著名的生物技术公司和公共研究机构入驻。随着启奥城的成功,启汇城开始分批次投入建设,主要发展产业为艺术、商业以及技术领域。 2015 年，媒体城完工，重点发展数字媒体领域，以及支持媒体产品、金融以及传播的技术。这个时间段的科技城开发，在容量上呈现不断加速扩张趋势（图 3-18）。

2015 年以后，在成功运营及合理招商后，科技城停止了大容量扩张，将主要发展放在了产业升级与结构调整方面。针对独特性的产业发展需求，依据产业的类型及定制化需求，分批次启动园区内其余的建设。

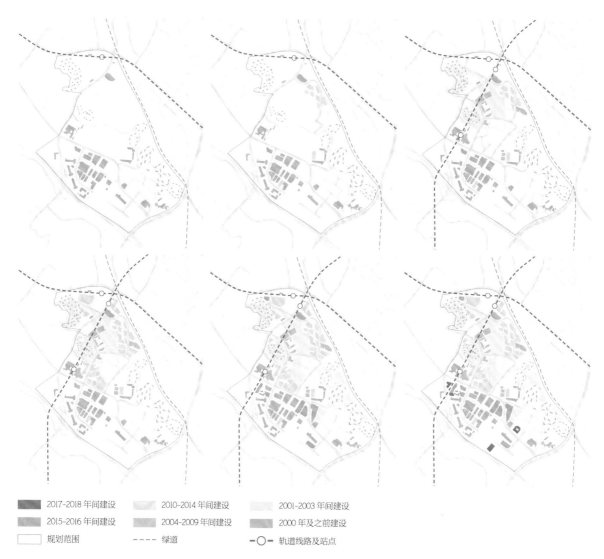

■ 2017-2018 年间建设		2010-2014 年间建设		2001-2003 年间建设	
2015-2016 年间建设		2004-2009 年间建设		2000 年及之前建设	
□ 规划范围		- - - - 绿道		-○- 轨道线路及站点	

图 3-18　新加坡纬壹科技城建设空间演变图

　　纬壹科技城的园区范围很大，从规划伊始就对园区的发展规模和容量进行了弹性规划，以适应不同时期产业容量变化。园区内划分为多个开发区，但并非是在同一时期动工，而是在进行了明确的产业类型和严谨的产业可行性调研后，于不同时期进行有序的建设。在产业发展迅速的时候可以充分扩张，在产业发展平稳的时候也可以进行容量合并，不同业态也可以进行容量的合理调整。纬壹科技城的成功得益于产业空间发展的容量进行弹性规划，既保证了空间规划和使用的合理性，也在一定程度上避免了盲目建设带来的产业空心化。

肯戴尔广场是美国具有标杆性的创新产业聚集地，其塑造的第三空间作为一种区别于正式功能的弹性空间，吸引了大量的初创公司聚集，在激活城市街区活力同时，也提升了城市的整体创新能力（图 3-19）。

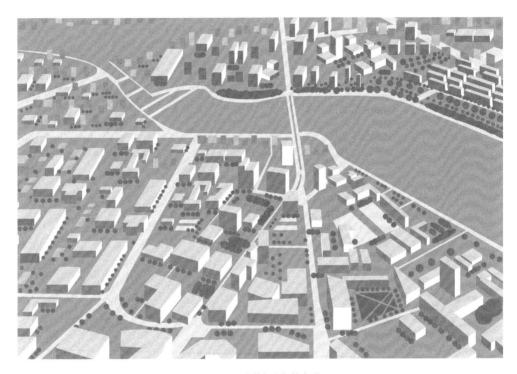

图 3-19　肯戴尔广场的鸟瞰

肯戴尔广场位于美国马萨诸塞州坎布里奇麻省理工学院附近，20 世纪 50 年代至 60 年代初期，城市更新的创新街区项目奠定了肯戴尔广场重建的模式，创造了混合使用实验室和办公空间的先例。1980 年美国颁布《贝多法案》（Bayh-Dole Act）后，技术创新和转化受到鼓励，新兴产业开始蓬勃发展，个人计算机大规模流行，随后软件开发蓬勃发展，而肯戴尔广场成为麻省理工学院新成立的创业公司的首选地。

在 21 世纪初期，肯戴尔广场开始注重公共空间的高品质提升，通过弹性空间塑造来改善城区环境，将宜居繁荣的社区和高科技公司进行链接，为沟通、面谈等创新型活动塑造新场所，很好地吸引了创业者和年轻的专业人士，最终激发了该地区的创新活力。

为了提高企业之间的交流与碰撞，肯戴尔广场的设计者提出了弹性空间的设想。设计者将这种可弹性使用的工作场所命名为"第三空间"，其认为家庭是第一空间，办公室是第二空间，第三空间则是非正式的公共聚会空间，如口袋公园、咖啡馆、餐馆和街角广场等。第三空间提供灵活的物理场所供人们用于交流互动、企业合作、观点碰撞和扩展办公等，成为科创城区成功的重要催化剂。

肯戴尔广场现在拥有各种零售场所和公共场所：零售空间是需要购买商品后才能够使用的空间，而公共空间则是只要你喜欢就可以免费使用的场所。两者的弹性融合，成了可以替代工作与会议场所，进行社会互动和网络活动的空间，为肯戴尔广场的产业生态系统作出了积极的贡献（图 3-20）。

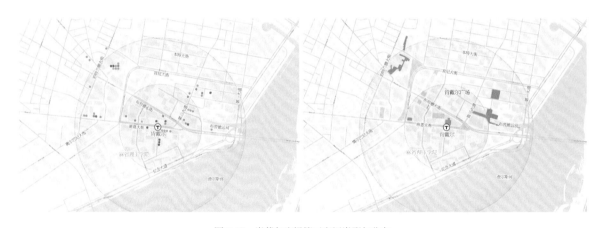

图 3-20 肯戴尔广场第三空间类型与分布

弹性空间能够得到积极地使用，其原因有三点：一是毗邻零售机构，二是彼此连接，使街区变得更加繁华活跃，从而鼓励人们更频繁地出入，三是建筑物的入口都面向弹性空间开放，这些特性增加了人们偶发性交流的机会。肯戴尔广场的经验表明，弹性空间能以多种形式为科创产业做出贡献。这些弹性而可变的功能，增强了人与企业之间的互动和协作，模糊了工作场所和社区之间的界限，促进了科创企业之间的交流，也加深了知识工作者的互动（图 3-21、图 3-22）。

图 3-21 肯戴尔广场第三空间

图 3-22　项目总区位图

第五节
多基面多功能的产业社区：
深圳湾科技生态园

深圳市建筑科学研究院股份有限公司（项目统筹）
深圳市建筑设计研究总院有限公司（一区及整合设计）
北京中外建筑设计有限公司（二区）
深圳市库博建筑设计事务所有限公司（三区）
华艺设计顾问有限公司（四区）

项目位于深圳市南山区高新技术产业园区南区核心位置，北侧为白石路，西侧为科技南路，东侧为沙河西路，南侧为高新南十道。该区域是深圳科创企业最为聚集的区域，汇聚了以互联网、计算机、软件开发、生物医药、新材料等产业为主的庞大高科技集群，以及近 3500 家高新技术企业和百余家上市公司。

项目用地面积超过 20 万 m^2，是特区内少有的单宗大型产业用地之一，极其稀缺。为此，政府提出了"建设高科技上市公司总部和研发基地、加快培育战略性新兴产业发展的新平台、创新型中小企业孵化平台、高新区南区配套服务中心、国家级低碳生态示范园"的具体目标。规划容积率 6.0，总建筑面积接近 190 万 m^2 的容量，包含了研发、办公、公寓、酒店、商业等复合功能，其建设情况备受瞩目。项目面临的首要挑战是：如何在高容积率下创造出更为宽松、怡人的公共空间环境，并实现功能、交通、环境等多方位协调（图 3-23）。

方案以立体化设计方法为基础，创造性提出了"多层地面""开放街区""复合功能""生态运营"等核心策略，力求将其打造为极具创新性的新一代立体化产业城区（图 3-24、图 3-25）。

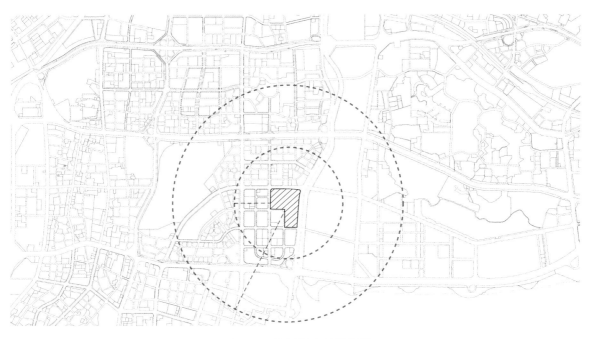

图 3-23　深圳湾科技生态园区位图

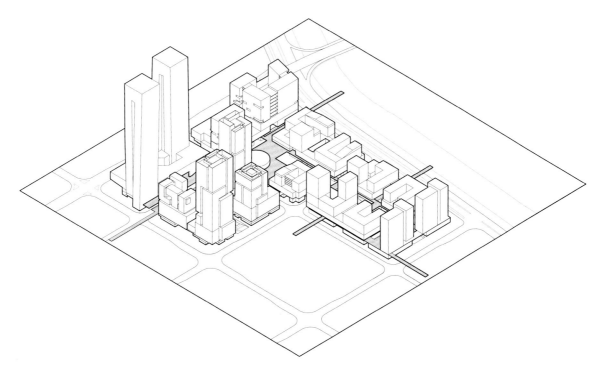

图 3-24　深圳湾科技生态园轴测图

图 3-25 深圳湾科技生态园形体生成图

多层地表的立体链接

方案尝试打破建筑只有一层地表的传统思路，提出"多层地表"的设计理念，在不同高度上设置多样性的地表空间，满足了城市层、社区层、企业层不同的功能与活动需求。"多层地表"共设五层：-5.4m 下沉庭院，0m 活力街区，9m 架空公共花园，24m 企业交流平台，50m 屋顶花园等，分"连续"与"半连续"两种模式，在不同高度上将园区串联为一个"立体地表系统"。通过三重公共、半公共界面组织交通和功能，创造出空间立体、功能复合、人性化、生态化的城市空间（图 3-26、图 3-27）。

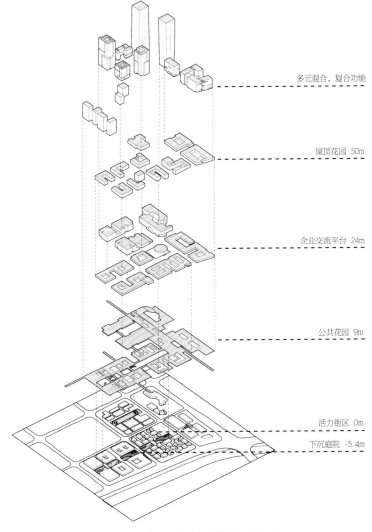

多元混合，复合功能

屋顶花园 50m

企业交流平台 24m

公共花园 9m

活力街区 0m

下沉庭院 -5.4m

图 3-26　深圳湾科技生态园多层地表分解图

图 3-27 深圳湾科技生态园多层地表剖面示意图

开放怡人的街区尺度

为了缓解庞大建筑群的压迫感，让更多市民能融入其中，建筑群的首层被设计为街区模式，四通八达的主次步行道复原了场地拆迁之前的城中村肌理，也更加适合岭南地区的气候特征，形成亲人、开放的街巷尺度空间，使科创产业城区融入城市，实现了 24 小时对城市开放（图 3-28）。

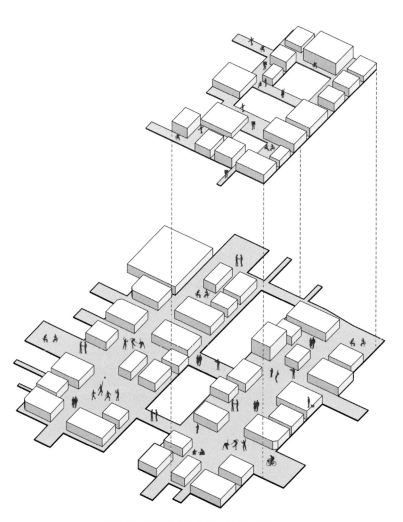

图 3-28　深圳湾科技生态园底层街区概念图

多元混合的园区功能

　为实现企业的全生命周期发展，完善产业城区功能，项目设置了约70%产业研发用房，20%人才公寓及10%商业配套。在满足职住平衡的同时，通过混合功能激发产业空间的公共活力。各标高平台也将原有混杂的公共功能做出竖向分区，提供首层通达，二层活动，三层观景的不同类型活动场所，大面积架空层还承载了如政府服务、社会公益展示、金融平台等产业支撑功能，基本形成了产、研、居、商的综合功能集群（图3-29、图3-30）。

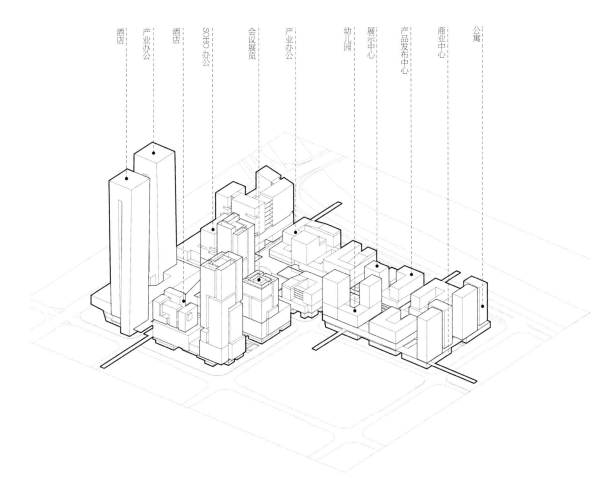

图 3-29　深圳湾科技生态园功能分布

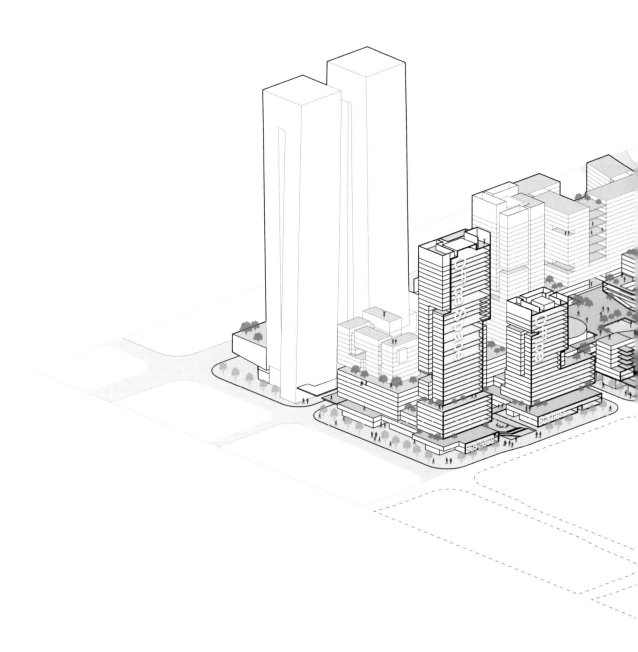

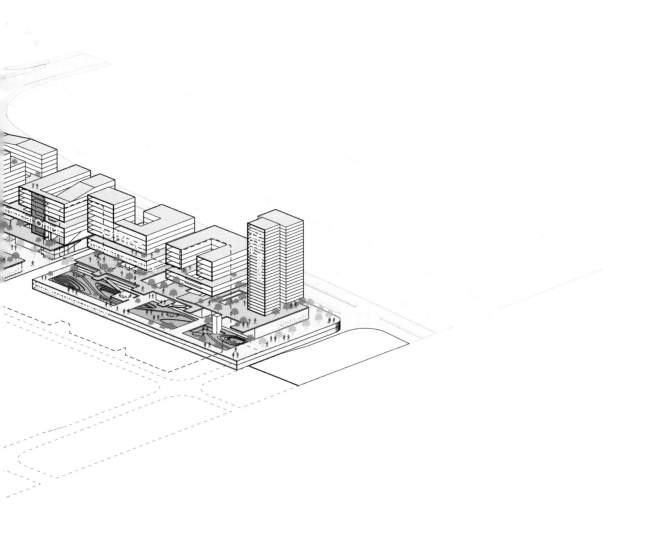

图 3-30 深圳湾科技生态园复合功能概念分析图

低碳生态的建设运营

　　园区的设计不仅仅局限于营造绿色地表，更融合了大量绿色技术。打造了包括园区系统、建筑本体、室内环境、建造运营等在内的 4 大板块、18 大绿色技术系统，实现了绿色建筑全园区覆盖。在建筑的全寿命周期内，最大限度节约资源，降低企业运营成本，提高了社会和环境效益（图 3-31~ 图 3-39）。

图 3-31 深圳湾科技生态园照片，93m 空中网络花园

图 3-32　深圳湾科技生态园实景照片，一区整体鸟瞰

图 3-33　深圳湾科技生态园实景照片，东立面

图 3-34　深圳湾科技生态园实景照片，0m 活力街区

图 3-35　深圳湾科技生态园实景照片，多元混合

图3-36 深圳湾科技生态园实景照片·整体区鸟瞰

图 3-37 深圳湾科技生态园实景照片：生态绿墙

图 3-38 深圳湾科技生态园实景照片，中轴人视景

图 3-39 深圳湾科技生态园实景照片

第六节
立体多维的科创空间：
创智天地大厦

深圳市建筑设计研究总院有限公司

　　项目位于深圳市南山区科技园南区，是集办公、研发、公寓、配套等于一体的产业综合体项目，基地紧邻地铁一号线深大站，西侧与深大校园隔路相望，东侧及北侧分别为储能大厦及地铁大厦等超高层办公楼。项目用地面积不足 6000m²，用地红线呈锯齿不规则形状，需容纳近十万平方米的产业空间。如何实现创新、高效、复合的建筑功能，并提供开放、友好、怡人的城市空间，是设计面临的巨大挑战。经过对科创产业需求的理性分析，确定了立体分层的构建逻辑。根据企业的发展阶段及需求，将园区自下向上划分为小微初创企业，中型发展企业及大型规模化企业，并提供针对性平面选型，实现产业功能与建筑形式的有机统一（图 3-40）。

　　设计将原规划中三栋竖向塔楼中的一栋水平设置，顺应地形、层叠退让，创造出一栋功能独特、空间多维的"水平摩天楼"。最大限度地利用了基地特质，解决了用地局促导致的塔楼拥挤互视，释放了宝贵的底层空间，将城市空间归还于市民（图 3-41、图 3-42）。

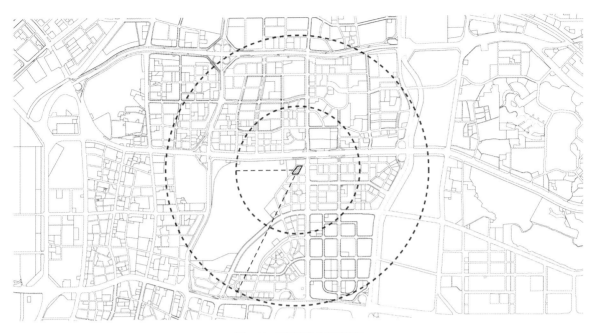

图 3-40　创智天地大厦区位图

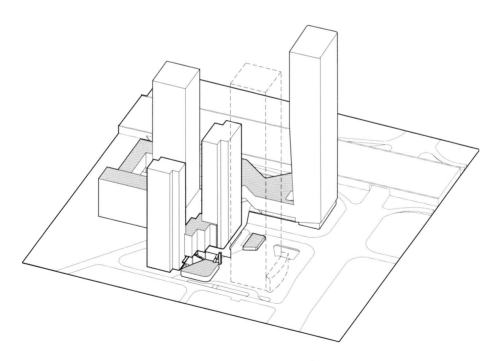

图 3-41　创智天地大厦轴测图

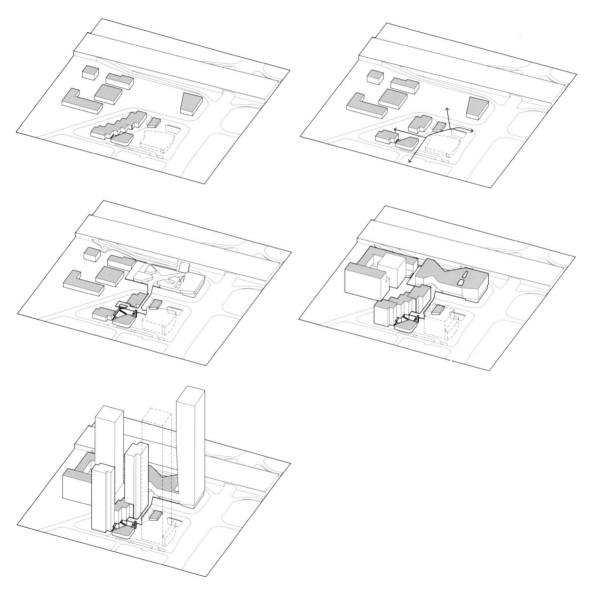

图 3-42　创智天地大厦形体生成图

公共开放的"底层街区"

　　建筑底层布局顺应基地特质，沿城市主要节点设置两处公共广场，并与周边建筑形成良好的互动关系。开放街区的空间模式，不但容纳了产业孵化、城市服务等功能，还可提供餐饮、零售、休闲等公共活动需求；全天候通行系统，可将建筑、广场及地铁紧密联系，适应深圳地区的气候特征；体验丰富、步行可达的场所，通过建筑与城市空间的一体化设计，试图营造出开放融合的工作与生活氛围，进一步激发科创产业城区的活力（图3-43）。

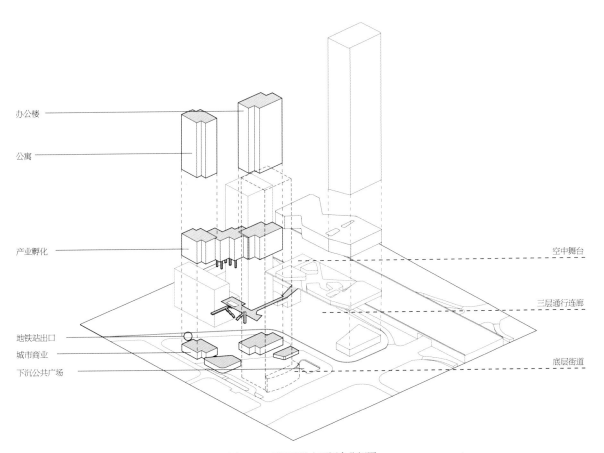

办公楼

公寓

产业孵化

地铁站出口
城市商业
下沉公共广场

空中舞台

三层通行连廊

底层街道

图3-43　创智天地大厦概念分解图

错落有致的"企业舱体"

　　"水平摩天楼"巧妙解决了三栋建筑拥挤互视等问题，也为项目的产品设计提供了更多的选择。基于基地形状特征，以8.4m为功能模式，确定出以模块单元为基础的"企业舱体"，不同模块的拼接、叠加创造出多样的功能组合，从而应对小微企业的不同创业需求。同时，模块化的舱体使其自然生成了建筑立面及绿化平台，一改传统冗长走道的压抑办公环境，将绿色、阳光和新鲜空气引入室内，提高了产业办公的舒适度（图3-44）。

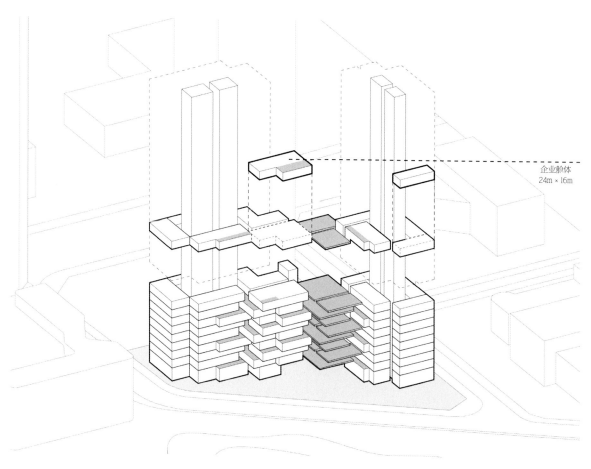

图 3-44　创智天地大厦企业舱体

多维连接的"空中舞台"

作为科技园南区的重要空间节点，项目所在片区还承担着空间衔接的作用。设计用具有功能性的空中步行系统，连通地铁科技大厦、储能大厦地块，并通过垂直电梯、楼梯与地面广场连通，形成"空中舞台"，解决了项目自身在人车分流、路径衔接等方面的问题。平台层西侧通往创智天地大厦空中花园平台，北侧连接地铁科技大厦入口广场平台，东侧可到达储能大厦空中大堂，多样化的建筑功能得以通过"空中舞台"联系，实现了片区资源共享。同时，也将地面人车交通进行了分离，对人流形成了有效的分层引导和分散，极大地缓解了区域内人车混杂的现状。

创智天地大厦的实践，是对深圳科创产业空间的立体化探索，为城市提供符合未来产业人群需要的办公及生活环境，同时也最大限度地创造立体开放、怡人、友好的公共空间及令人印象深刻的建筑景致（图 3-45~ 图 3-53 ）。

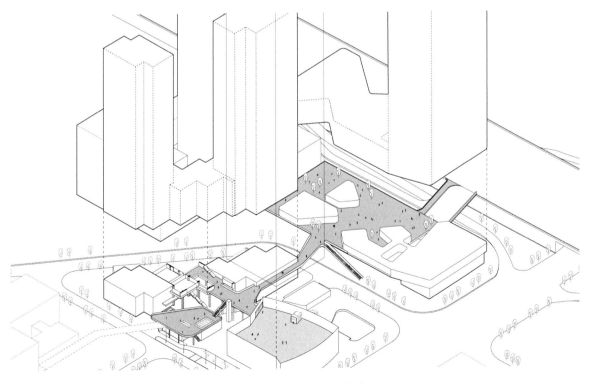

图 3-45　创智天地大厦空中舞台

图 3-46　创智天地大厦实景照片，西侧人视图

图 3-47　创智天地大厦实景照片，整体鸟瞰

图 3-48　创智天地大厦实景照片，底层街区

图 3-49　创智天地大厦实景照片，入口广场

图 3-50　创智天地大厦实景照片：人视图

图 3-51 创智天地大厦实景照片，底层街区

图 3-52　创智天地大厦实景照片，空中舞台

图 3-53　创智天地大厦实景照片，企业舱体

第七节
全生命周期的产业链集群：
留仙洞创智云城

深圳市建筑科学研究院股份有限公司（项目统筹）
深圳市建筑设计研究总院有限公司（一区及四区）
深圳市华筑工程设计有限公司（二区）
深圳市方佳建筑设计有限公司＋深圳市华汇设计有限公司（三区）

项目位于深圳市南山区留仙洞总部基地西北角，北临深圳职业技术学院西校区，西靠中兴通信工业园及其人才公寓和山体公园，东侧和南侧为大疆总部和绿廊。项目所在的留仙洞片区更新前以工业为主，周边北、西、南三条主干路已经建成，政府将其定位为深圳西部地区比肩前海、蛇口的城市新一轮战略性增长地区，将共同形成城市新的经济增长轴。在此背景下，提出了将其打造为"新一代信息产业的低碳e社区、新一代信息技术产业集聚的先锋高地、新一代信息技术全面应用的全球样板、先进城市建设模式的示范区"的建设目标（图3-54）。

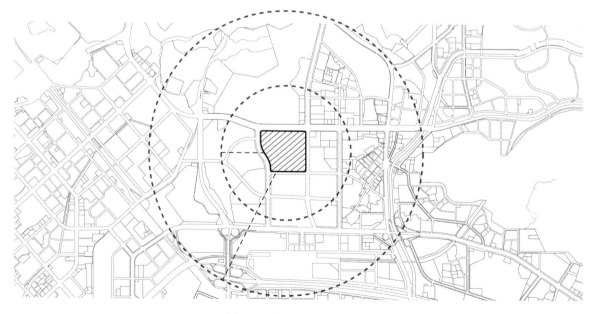

图3-54　留仙洞创智云城区位图

项目总用地面积约 13.73 万 m²，计容总建筑面积 100 万 m²，包含研发、公寓、商业及公共配套等多项功能。当再次面对高密度产业空间设计任务时，方案尝试通过空间、功能、场景的多重塑造，满足企业的人本需求，从而促进企业的全生命周期发展，并进一步形成产业链的聚集效益（图 3-55）。

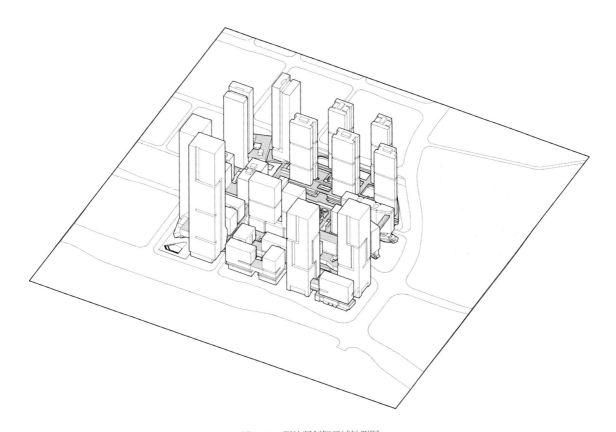

图 3-55　留仙洞创智云城轴测图

全生命周期发展

在以往产业园生态开放、多层地表等设计理念的基础上，我们开始关注企业全生命周期发展，摒弃了单纯追求建筑形式，力求使设计回归到需求本质：从使用者和企业的需求出发，以满足不同企业在不同的发展阶段基本空间需求为出发点，创造一个功能复合、多样生活的产业城区（图 3-56）。

总体布局顺应城市设计，呼应中心广场与视线通廊。来自城市各个方向的人行动线将底层划分为开放街区模式，营造丰富的城市生活，与城市空间紧密连接。

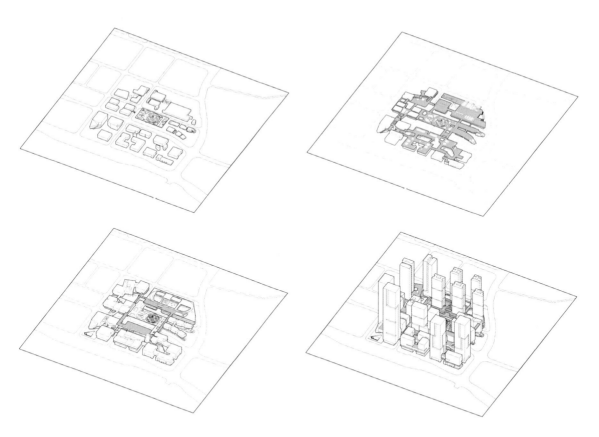

图 3-56　留仙洞创智云城形体生成图

24m 以下为服务于初创期中小型企业的孵化器平台空间。环形的公共休息廊道将整个园区在空中有机联系，若干个不同功能节点通过垂直电梯和扶梯与地面联系。孵化器引入多元化的产业配套，适合各种类型的初创期企业，而共享空间和新的功能置入，进一步增强了企业之间的交流，激发了企业活力（图 3-57）。

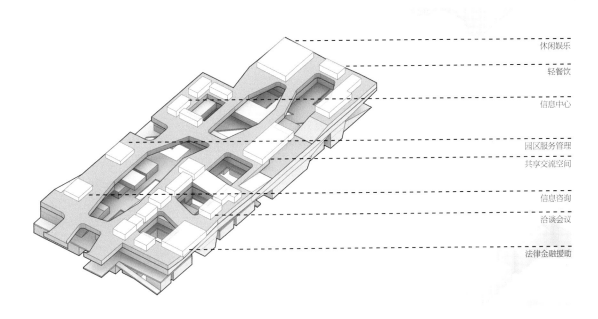

休闲娱乐
轻餐饮
信息中心
园区服务管理
共享交流空间
信息咨询
洽谈会议
法律金融援助

图 3-57　留仙洞创智云城公共平台概念图

在 24m 以上的城区，我们设计了服务于所有企业的公共转化平台，是这个园区的第二平台，连接着各色人群。这是一个更为活跃的公共空间，各式特色功能在此聚集。多样的活动与非正式交流空间的营造，实现了产业园由孵化器向加速器的转变，支撑企业由初创期向成长期过渡。

而在园区的高区，我们则设置了满足大型企业的总部空间，通过极佳的空间品质、景观视线，吸引龙头企业入驻，从而带动产业链从上向下依次辐射。这种根据企业的发展阶段及需求，将园区分层处理的方式，既延续了"多层地面"的立体园区理念，又进一步顺延了全生命周期的企业发展需求。整个园区从下到上，公共度递减，私密度递增，使用人群各取所需，最大化提升了产品附加值（图 3-58、图 3-59）。

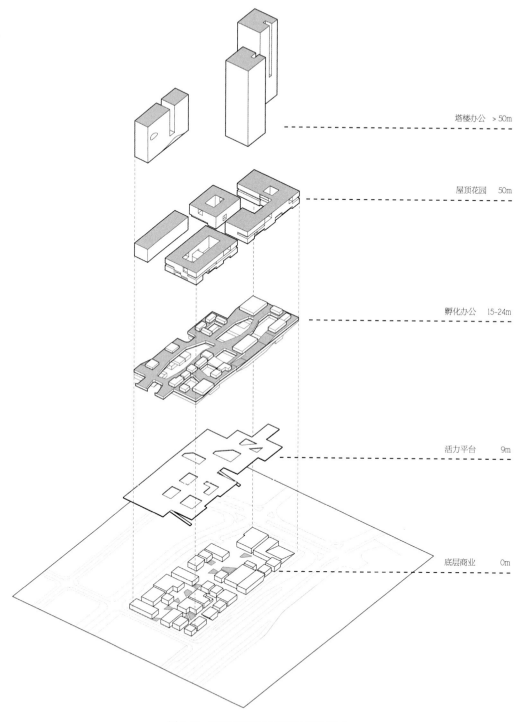

塔楼办公 ＞50m

屋顶花园 50m

孵化办公 15-24m

活力平台 9m

底层商业 0m

图 3-58 留仙洞创智云城多层地表分解图

企业活力环

　　方案还提出了"企业活力环"的设想。以多维度形态贯穿于园区之中，由大数据中心、共享会议室、企业展示馆、众创空间、孵化平台、金融创投平台构成，我们期望将更多激发企业发展的元素串联起来，并在空间状态上反映出多样化与人性化，从而满足不同企业在不同发展阶段的需求。

　　同时，"企业活力环"串联起多个公共空间，最终形成环形的公共空间系统，将整个城区连城一体。通过功能的设置、场所的营造、事件的策划，促进企业的发展。"企业活力环"的设计以场景为核心，以体验为驱动，探讨符合创业团队所需的功能，例如健身、院线、体验店、商业、餐饮、空中慢跑道、共享图书馆、托幼中心等，以街区式、体验式场景，促进了科创产业人群的交流及产业空间的活力提升（图 3-60~ 图 3-69）。

图 3-59　留仙洞创智云城全生命周期概念图

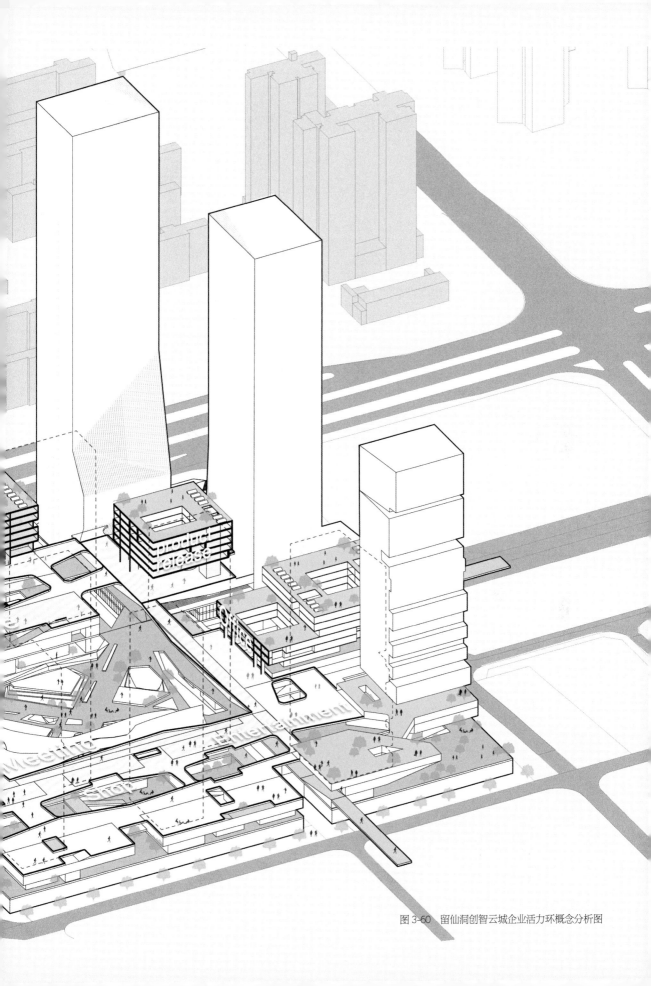

图 3-60　留仙洞创智云城企业活力环概念分析图

图 3-61 留仙洞创智云城实景照片，城市主干道鸟瞰图

图 3-62 留仙洞创智云城实景照片，主入口人视图

图 3-63　留仙洞创智云城实景照片，展示中心人视图

图 3-64　留仙洞创智云城实景照片，园区内景

图 3-65 留仙洞创智云城实景照片，屋顶花园

图 3-66 留仙洞创智云城实景照片，多层地表

图 3-67　留仙洞创智云城实景照片，首层庭院人视图

图 3-68　留仙洞创智云城实景照片，鸟瞰图

图 3-69　留仙洞创智云城模型照片

第八节
产业生态雨林：
南山科创中心

深圳市建筑设计研究总院有限公司
HPP International Planungsgesellschaft mbH
阿海普建筑设计咨询（北京）有限公司
华阳国际设计集团（施工图）

　　项目位于南山区留仙洞总部基地南侧，总用地面积约 11.81 万 m²，总建筑面积近百万平方米，包含了办公、商业、宿舍、实验、检测、展示等产业复合功能。项目提出以"智慧城市"促进园区创新升级的发展理念，政府希望将其建设成为深圳首个"智慧园区"物联网精品示范项目，并围绕智能、智力、智慧等智系品牌将其建设成面向未来的科技产业园（图 3-70）。

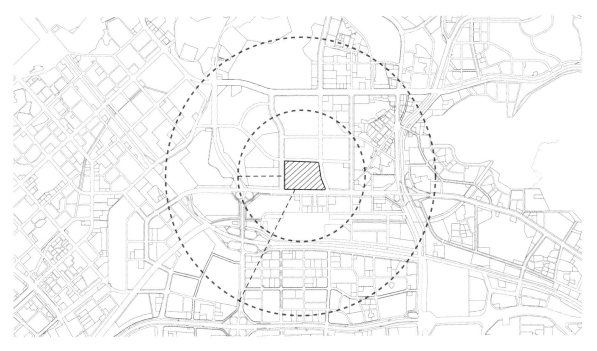

图 3-70　南山科创中心区位图

通过不断的实践，方案在关注高密度园区如何立体化、复合化的同时，逐渐意识到：产业高度聚集的内因来自于知识人才对社交生活的诉求。通过社交活动，知识人才获得更多的知识与灵感，最终促进企业的创新发展。这一看似微观的个体需求，却反映了科创产业及产业人群其本质的特点：即通过知识的碰撞促进产业的创新与发展。因此，南山科创中心关注的是如何实现产业共享交流、高聚集效应与弹性发展空间（图 3-71、图 3-72）。

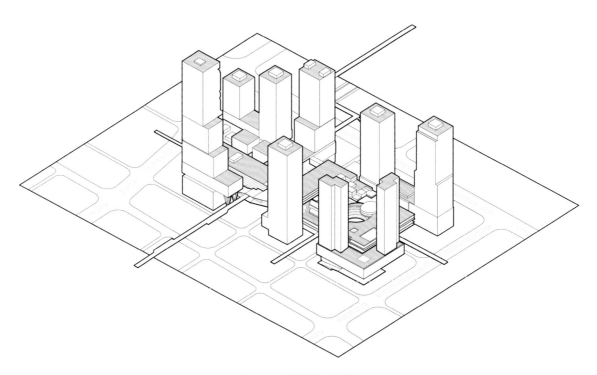

图 3-71　南山科创中心轴测图

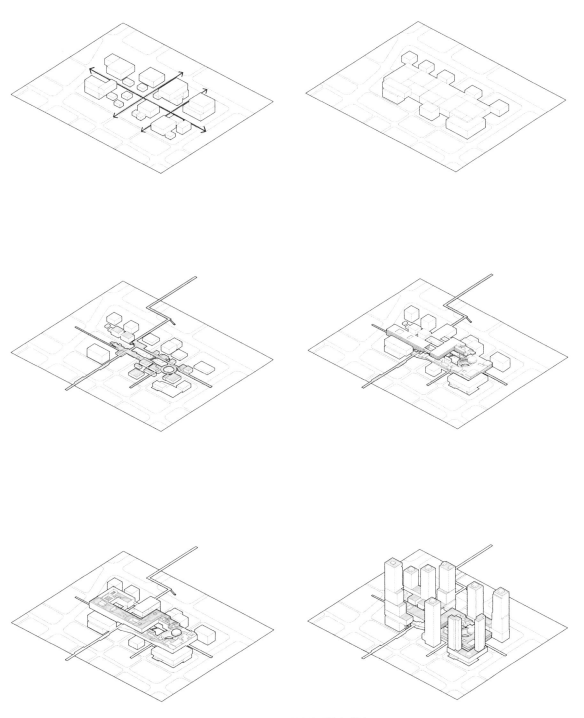

图 3-72 南山科创中心形体生成图

借鉴"生态雨林"的理念，我们创造性地将园区分为了"地表层""伞盖层""树冠层"。"地表层"是位于建筑高度 30m 以下的城市街区，链接城市交通、汇聚人流，足够的高度保证自然光线的渗透，将大尺度城市空间与小尺度街巷空间充分融合，成为尺度适宜、多样丰富的城市公共客厅。"伞盖层"是"漂浮"于地面 30m 之上，长 420m、宽 165m，总面积接近 15 万 m² 的弹性产业空间。宽敞、通用的"伞盖层"产业空间为企业的发展提供最大限度的可能性。"树冠层"由位于"伞盖层"之上的七栋塔楼组成，为企业提供相对私密的办公环境，更为"独角兽"企业打造出稀缺性。产业要素通过竖向交通体系充分交织，不断向孵化企业输送养分，提供更多发展可能性（图 3-73、图 3-74）。

地表层

利用"地表层"接入城市交通，通过尺度消减与功能置入，创造宜人多样的街区。"地表层"位于高度 30m 以下的空间区域。连接城市交通、汇聚人流，地面通高空间保证自然光线的顺利渗透，提供舒适的物理环境；再将大尺度城市空间与小尺度街巷空间充分融合，将此区域打造成为尺度适宜、多样丰富的城市公共客厅。

伞盖层

借助"伞盖层"进行交互升级，提供弹性可变的巨大空间，发酵一切可能性。"伞盖层"涵盖热带雨林中 90% 的物种，它提供了更多空间、养分与多样避所，创造出不同物种相互作用的一番天地。本设计中置入的长 420m、宽 130m 的巨大容器，不仅为"地表层"城市空间遮风避雨。同时将共享交流、相互支撑的产业空间置于其中，各类企业在"伞盖平台"内相互借力、共生共存；产业人群在此汇聚交流，或可路演发布，或可实验孵化，或可联合办公，或可慢跑健身，最终形成巨量而可分隔、多样而能共生、丰富而易变化的产业孵化平台（图 3-75、图 3-76）。

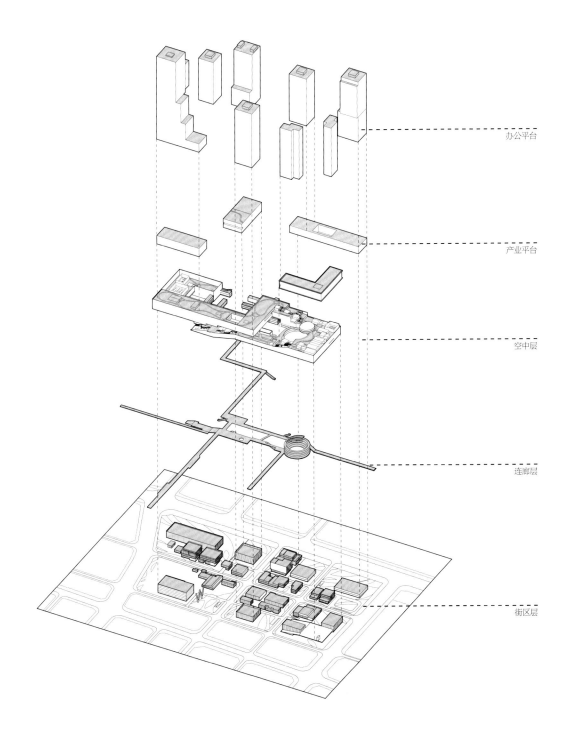

办公平台

产业平台

空中层

连廊层

街区层

图 3-73　南山科创中心多层地表分解图

图 3-74 南山科创中心 多层生态雨林概念图

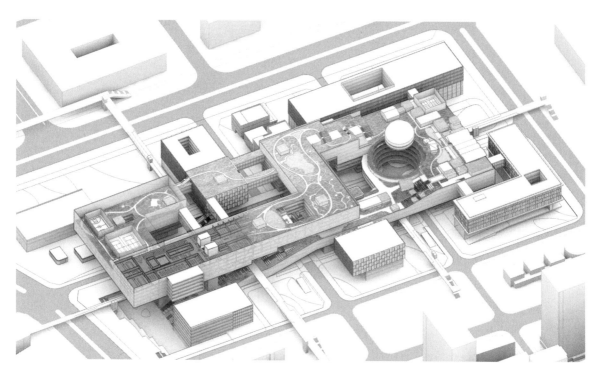

图 3-75　南山科创中心伞盖层共享平台轴测图

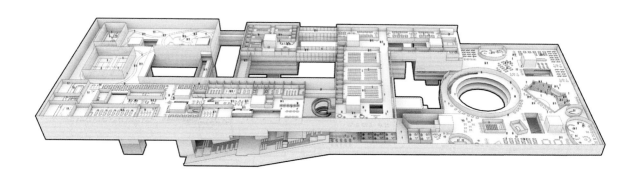

图 3-76　南山科创中心伞盖层共享平台内部空间

树冠层

依靠"树冠层"进行品质提升，打造整体形象标志性；最后通过自下而上的公共路径串联三个部分形成连续地表，汇聚区域活力。"树冠层"由位于冠层之上的超高乔木组成。七栋塔楼环绕平台四周为企业提供相对私密的办公环境，更为独角兽企业打造稀缺性。产业信息通过竖向交通体系充分交织，不断向孵化企业输送养分，提供更多发展可能性。

产业河流

热带雨林中蜿蜒曲折的河流，在平缓的坡度下环绕森林为周边的动植物提供水源，丰富了雨林生态。方案改良多层地面体系，从西丽高铁站及石鼓地铁站穿过地下空间抵达"地面层"，再通过连续路径升至"伞盖层"甚至"树冠层"，这样一条蜿蜒曲折的"产业河流"，串联上下游各节点，设置多样化的城市公共空间，包含公益、文化、商业及孵化等一系列服务设施，更为片区提供约十万平方米立体花园，在消解规划尺度的同时，保证各区域连为整体、方便可达。

集产业空间、服务配套、市民生活为一体的公共空间将三层空间链接起来，形成连续的城市开放街区。体系化的"街区生活"产生的高聚集效应，为企业和人才的创造性提供载体。灵活的平面、内外交融的开放空间，使得本项目不局限于创造一个传统的产业园区，而是期望构建一处真正服务城市、服务产业、服务知识人才"全生命周期"的产业生态雨林（图3-77）。

新一代的科创产业城区借助高效多维的交通体系，满足各产业在园区内的合理分布和弹性链接。通过未来三到五年的规划建设，六街坊的"产业生态雨林"将彻底触发留仙洞片区活力，跃升成为其规划绿网的最高潮（图3-78~图3-94）。

图 3-77 南山科创中心多层生态雨林概念图

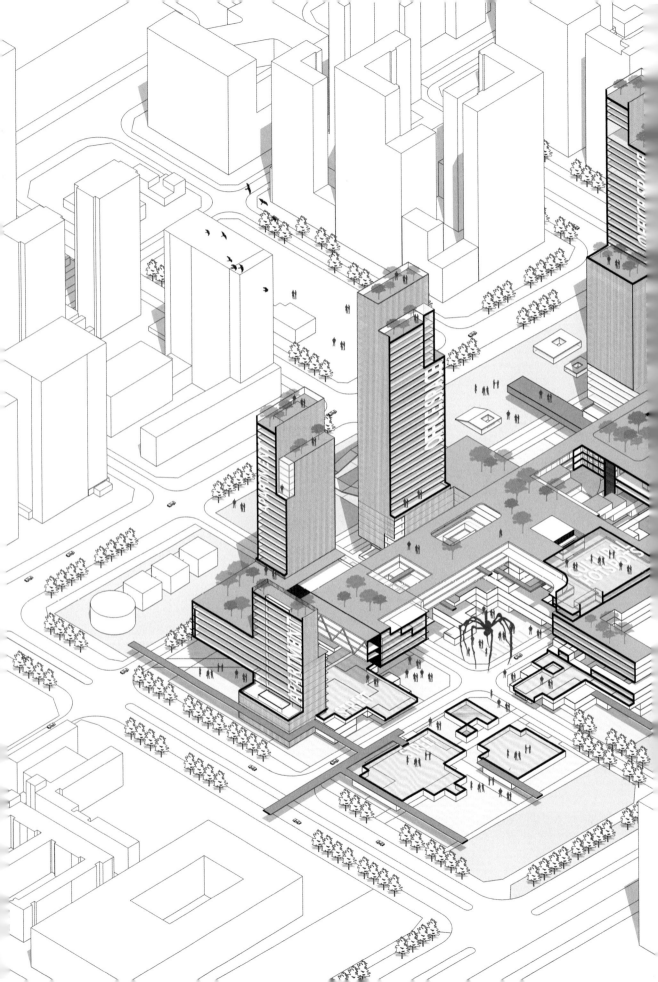

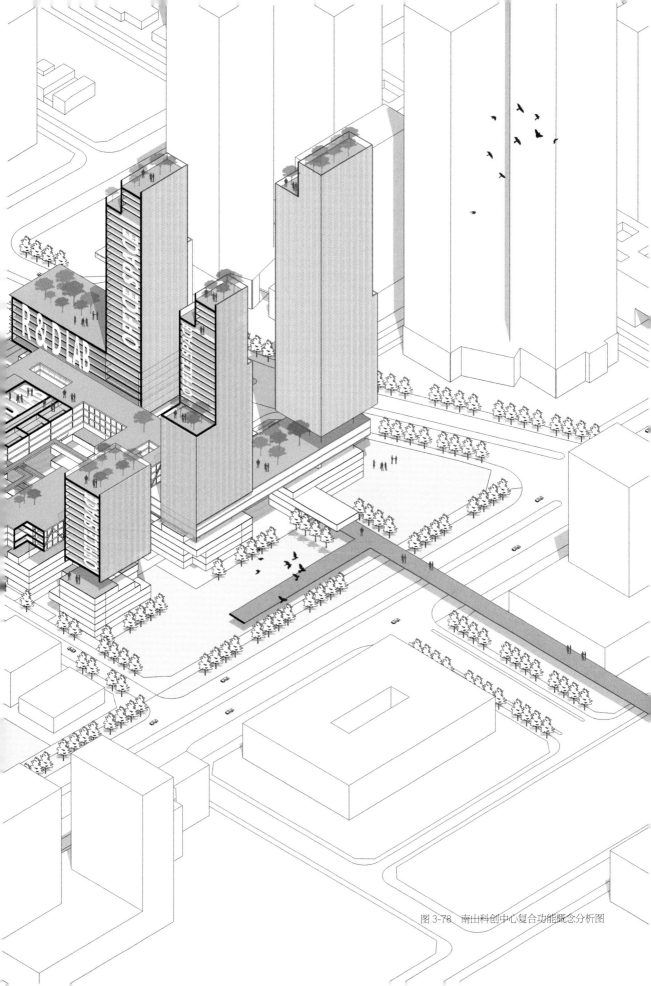

图 3-78 南山科创中心复合功能概念分析图

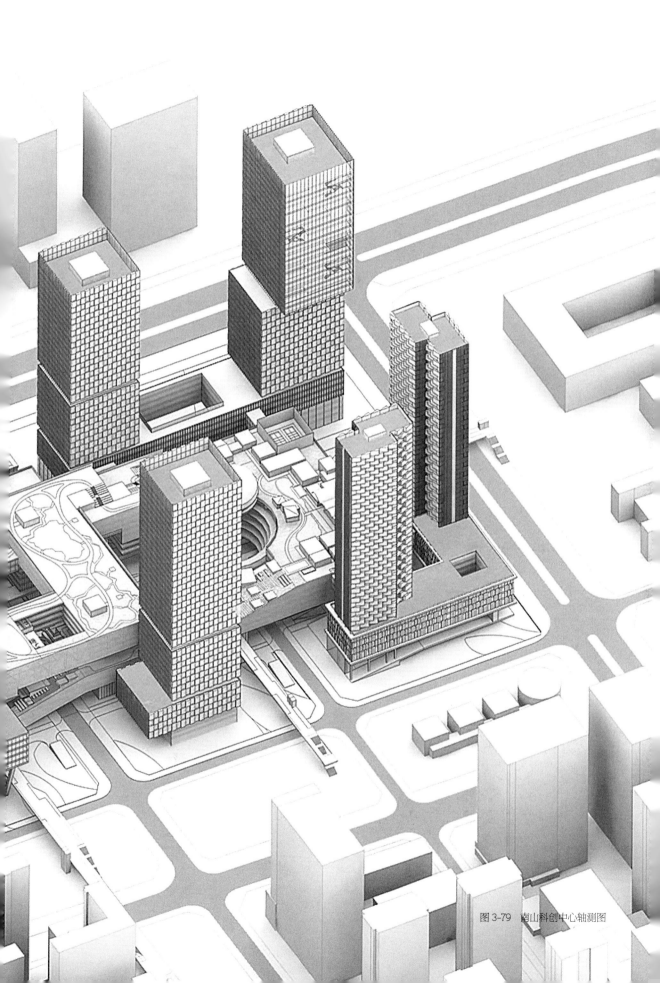

图 3-79 南山科创中心轴测图

图 3-80　南山科创中心效果图，西侧半鸟瞰

图 3-81　南山科创中心效果图，城市半鸟瞰

图 3-82 南山科创中心效果图，基地北侧人视图

图 3-83 南山科创中心效果图，低区城市街巷透视

图 3-84　南山科创中心效果图，顶视鸟瞰图

图 3-85　南山科创中心效果图，城市鸟瞰图

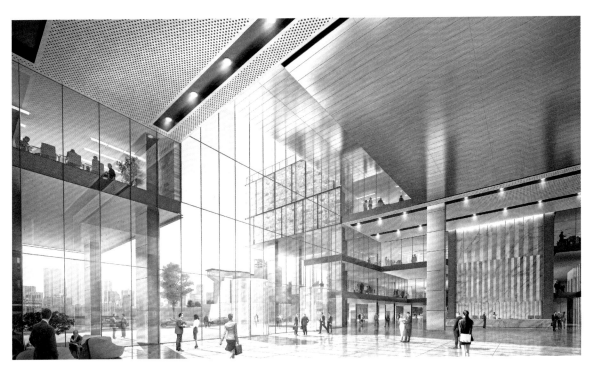

图 3-86　南山科创中心效果图，入口大堂透视

图 3-87　南山科创中心效果图，东侧半鸟瞰

图 3-88　南山科创中心效果图，塔楼室内俯瞰平板屋顶花园

图 3-89　南山科创中心效果图，东南角人视图

图 3-90　南山科创中心效果图，东侧入口人视图

图 3-91　南山科创中心效果图，东南角下沉广场透视

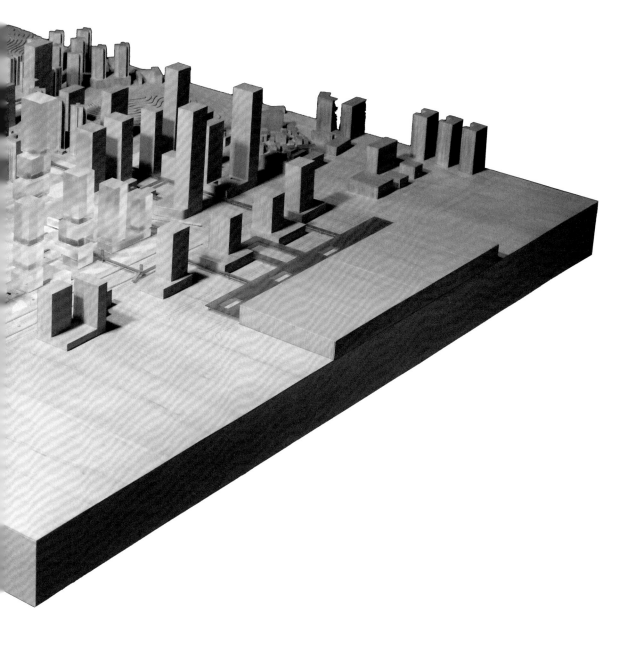

图 3-92　南山科创中心模型照片 1

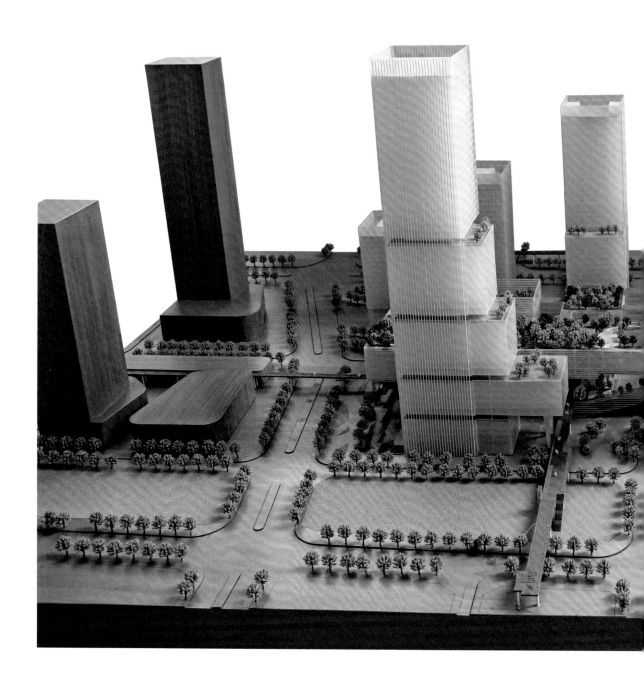

图 3-93 南山科创中心模型照片 2

图 3-94 南山科创中心模型照片 3

通过对创新型产业空间发展趋势的研究、创作与实践，我们逐渐认识到：在城市空间高密度发展的背景下，创新型企业之所以趋向于立体化高度聚集，来源于创新企业与知识人才的人本需求：知识人才需要高品质城市生活与社会交往，这不仅能促进人才自身的成长，同时会促进企业的发展，这才是企业高集聚度的核心因素。我们认为高集聚度的产业空间有三方面人本需求：高聚集效应的"城市化生活需求"、产业共享交流的"知识人才社交需求"及弹性发展空间的"企业发展性需求"。

立体化的科创产业空间需要具备城市的多元化特征，通过公共开放空间激发创新交流、社会交往与企业间合作，促进知识人才间的互动，增加创新型企业的产出，进而推动创新创业企业高度聚集的趋势。在深圳高密度的城市空间环境下，产业空间的立体化趋势符合科创企业与知识人才的人本需求。

本章参考文献

[1] 邓智团.创新型企业集聚新趋势与中心城区复兴新路径——以纽约硅巷复兴为例[J].城市发展研究，2015，22（12）：51-56.

[2] 周烨，王琳.伦敦"硅环岛"数字文化产业创新策略研究[J].文化产业，2020（29）：15-16.

[3] 刘一坤.当代中国科技创新风险管理问题研究[D].大连：东北财经大学，2016.

[4] 付宏，金学慧，西桂权.荷兰埃因霍温高科技园区服务管理经验及其相关启示[J].科技智囊，2020，25（1）：77-80.

[5] 王贞，饶劼.面向可持续发展的开放式高科技园区环境设计研究——以荷兰埃因霍温高科技园区为例[J].中国建筑装饰装修，2015，12（1）：112-113.

[6] 刘玉海.众创时代政府该怎么推动创新——来自荷兰埃因霍温的参考[J].杭州（我们），2016（9）：49-52.

[7] 赵勇健，吕斌，张衔春，胡国华，李金钢.高技术园区生活性公共设施内容、空间布局特征及借鉴——以日本筑波科学城为例[J].现代城市研究，2015，29（7）：39-44.

[8] 白雪洁，庞瑞芝，王迎军.论日本筑波科学城的再创发展对我国高新区的启示[J].中国科技论坛，2008，23（9）：135-139.

[9] 杨哲英，张琳.高新技术产业组织模式的演进方向——以日本筑波科学城为例的分析[J].日本研究，2007，37（4）：43-47.

[10] 田浩男.基于产业创新的轨道交通一体化开发研究[D].北京：北京交通大学，2015.

[11] 施国庆，郎昱.都市旧城区改造的多方合作共赢模式——日本六本木新城模式及其启示[J].城市发展研究，2013，20（10）：13-16.

[12] 陈伟，张帆，廖志强.日本东京六本木新城建设对上海城市规划的启示[J].上海城市规划，2006，15（3）：55-57.

[13] 黄跃."立体城市"的土地利用之道——以日本东京六本木新城为例[J].中国土地，2015，33（6）：19-21.

[14] 张俊.创新导向下高科技园区的规划管控研究[D].广州：华南理工大学，2019.

[15] 许超，郑璇，张琼琼."创新街区"国际案例分析——新加坡纬壹科技城的经验与启示[J].山西科技，2018，33（4）：6-10.

[16] 邓智团.第三空间激活城市创新街区活力——英国剑桥肯戴尔广场经验[J].北京规划建设，2018，31（1）：178-181.

[17] 杨旭.回归人本需求——深圳高密度城市环境下的产业空间发展研究[J].建筑技艺，2019，25（7）：122-123.

[18] 黄斌.国际观察 104｜纽约硅巷发展历程及其对北京转型的启示[EB/OL].[2020-01-13].https：//mp.weixin.qq.com/s/VWwW10S-p2QcBRDYJtxo-Q.

本章图表来源

图 3-2：作者根据 Indergaard, M. What to Make of New York's New Economy? The Politics of the Creative Field[J]. Urban Studies, 2009, 46（5-6）：1063-1093 改绘。

图 3-3：作者根据 SquareFoot 官网图源及谷歌地图改绘。

图 3-4：作者根据 Digital NYC（数据纽约）官网图源及谷歌地图改绘。

图 3-11：作者根据日本六本木 Hills 官网图源及谷歌地图改绘。

图 3-14：作者根据赵勇健，吕斌，张衔春，胡国华，李金钢. 高技术园区生活性公共设施内容、空间布局特征及借鉴——以日本筑波科学城为例 [J]. 现代城市研究，2015（07）：39-44 改绘。

图 3-15：作者根据河中俊、金子弘. 筑波研究学園都市の現状と諸課題にみる都市形成過程上の問題 [J]. （日本）国総研資料第 815 号，2015 改绘。

图 3-17、图 3-18：作者根据张俊. 创新导向下高科技园区的规划管控研究 [D]. 华南理工大学，2019 改绘。

图 3-10、图 3-20：作者根据谷歌地图改绘。

图 3-31、图 3-32、图 3-33、图 3-34、图 3-35、图 3-36、图 3-37、图 3-38、图 3-39、图 3-46、图 3-47、图 3-48、图 3-49、图 3-50、图 3-51、图 3-52、图 3-53：深圳罗汉摄影工作室摄。

图 3-61、图 3-62、图 3-63、图 3-64、图 3-65、图 3-66、图 3-67、图 3-68：孔辰承摄。

表 3-1：黄斌. 国际观察 104 | 纽约硅巷发展历程及其对北京转型的启示 [EB/OL]. cityif, 2020-01-13. https：//mp.weixin.qq.com/s/VWwWl0S-p2QcBRDYJtxo-Q。

第四章
创新与未来

科技的快速发展，促进了城市与产业的优化升级，科创产业空间在城市需求、产业需求、人本需求方面发生了根本改变。以确定性条件为导向的传统设计方法及范式，难以应对未来科创产业城区的规划建设需求。在科创产业经济发达地区，城市及科创产业发展的速度超出预期，其面临问题的深度及广度也非传统的"设计任务书"可以解决。

传统的科创产业城区设计多用过往验证的经验去规划设计未来。由于知识更新迭代的速度越来越快，传统的经验很难跟上科技与产业的发展。我们需要用创新性思维去思考科创产业城区的设计，用未来的预测去反思现在的标准。基于高密度城市发展背景下的科创产业城区需要在其项目策划、规划、设计乃至建设周期内，寻找创新的范式，而"立体化策略"正是其突破口。我们尝试从空间、产业内容实质、交往与活力以及未来可能性等方面入手，尝试梳理出能应对当下及未来一段时间内关于高密度科创产业城区立体化的方法或范式。

立体化策略提出，是对传统链接模式的反思与重塑。立体化策划包含了多基面的城市链接关系，多维度的交通及基础设施叠合，以及创新立体空间感受等方面。

首先，建立与城市的多基面链接关系，形成多元、立体的城区开放环境，是科创产业城区在立体化范式上的主要表达形式，也是实现其与城市在多个基面上融合、互联的基本方法。从城市视角出发，产业城区的多基面至少应包含地下枢纽层、城市街道层、裙楼架空层、空中链接层及第五立面层等在内。各层的设立与相互关系，可遵循以下原则（图4-1）。

高效集约的地下枢纽层：该层主要负责将城区与轨道交通、停车设施进行密切连接，应达到布点均匀、动线顺畅、尺寸适度的设计目标，并可利用该层的设立，改善传统地下室通风采光不足、识别性欠佳等弊端（图4-2）。

开放共享的城市街道层：该层将承担产业园城区与城市公共链接的主要任务，建立区别于传统封闭园区的完全开放式空间关系，其核心的关注点可为：开放的城市路径、适宜的街区尺度、良好的通风采光及根据地域性原则提供必要的环境景观设施。该层是立体化园区多基面的核心关键层，是立体链接体系的基底（图4-3）。

连续通达的裙楼架空层：在适宜的高度及位置设置连续的架空公共层，是解决高密度、高容积率产业城区公共空间容量不足的有效方法。其空间模式在应对如深圳等亚热带城市地域气候方面具有优势。该层不但能提供集中的积极公共空间，还可成为除城市街道层之外的全天候通行层。在满足足够的尺度、高度等物理空间要求之外，丰富的活动设施及积极的运营支撑，也是保障其发挥应有作用的基本条件（图4-4）。

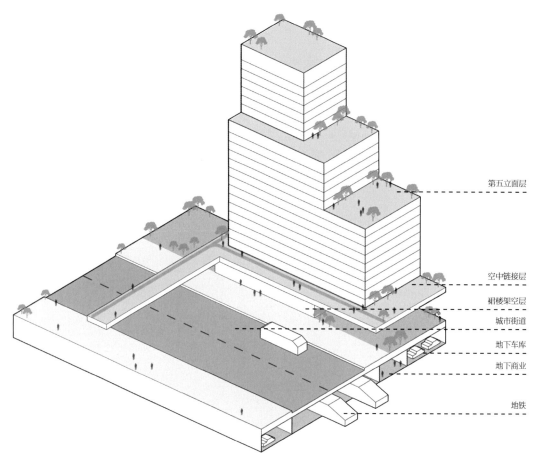

第五立面层

空中链接层

裙楼架空层

城市街道

地下车库

地下商业

地铁

图 4-1　立体多基面

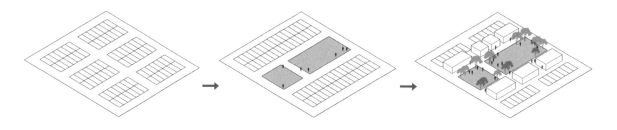

图 4-2　高效集约的地下枢纽层

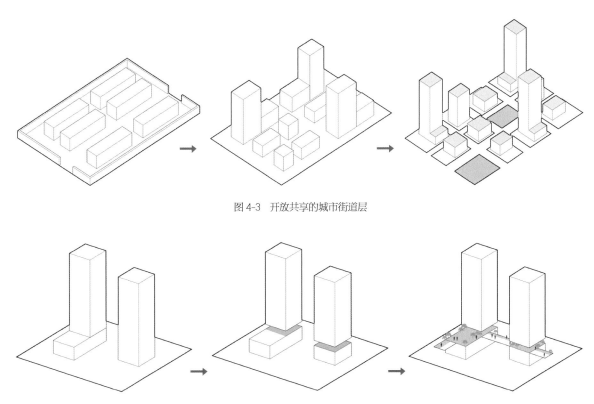

图 4-3　开放共享的城市街道层

图 4-4　连续通达的裙楼架空层

　　尺度适度的空中链接层：高强度开发必将促使园区往空中发展、竖向发展。建立尺度适度的空中联系，是缓解产业城区垂直动线过长，促进人员交流，形成多基面联系的有力补充。但其建立应以必要性为前提，保障通行的便捷性，并控制其空中联系体的尺度，以避免对建筑本身的采光、视线造成影响，同时兼顾城市视角下适宜的建筑形象（图 4-5）。

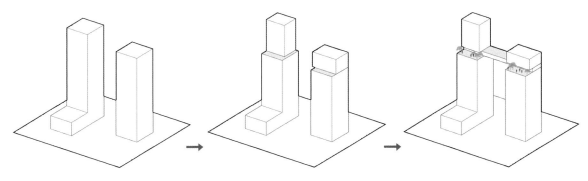

图 4-5　尺度适度的空中链接层

绿色生态的第五立面层：结合绿色生态技术，对建筑的第五立面进行整体化设计，是立体化产业城区的重要内容。除容纳必要的建筑设备、设施外，以绿色植被打造屋顶花园、结合光伏发电、风发电技术设置清洁能源设施、根据规划环境特征设置安全的观景空间，均是第五立面层的设计内容。同时，该层的设置需根据建筑高度进行务实考量，避免在过高的空中进行大面积种植，从而增加不必要的运营成本及安全风险（图 4-6）。

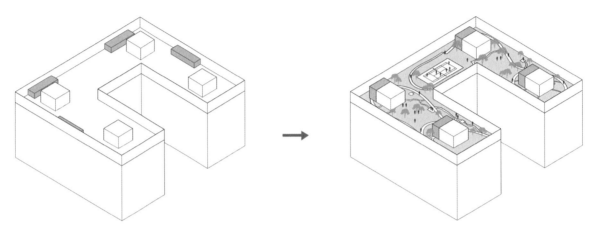

图 4-6 绿色生态的第五立面层

上述五层的设置，是立体化城区在多基面链接上的五层空间载体，虽根据不同城市、不同规划环境，可呈现出不同的表现形式，但其"立体多层"的基本特征不会改变。

其次，依据城市规模、能级，评估产业城区建设与交通设施之间的动态平衡关系，把握各维度交通链接的基本原则，设立动态适宜的交通容量和出行模式，是实现立体融合的有力支撑。

设定动态适宜的交通承载容量：随着公共交通的不断完善，鼓励低碳出行已成为社会的共识。近年来，多样的绿色出行设施也支撑了该共识的进一步落地。然而，我国的机动车保有量依旧在增量上升期，科创产业工作人员对高品质生活的诉求也带来了产业城区私家车容量的上升。在立体化产业城区的规划设计中，设置客观、适度且动态可调节的交通容量，是保障园区及周边城市交通循环安全的重要前提。其主要措施可以包括：充分考虑公共交通未来增量的折算影响；在空间上预留先进停车系统所需的条件；建立园区内外共享、潮汐式停车运营模式；增加定向配售、配租公寓比例，提高职住平衡比等。

改善内外交通循环及承载能力：如增加对外联系通道，改善关键交通节点，加强片区路网与高快速路的衔接；依托对外干道体系，加强与中心城区及各区域间的联系；按照综合性城区的标准，理顺片区内部路网体系，打通断头路，加强片区内部交通联系；完善基地周边道路系统，加强基地与对外干道的衔接，提高基地可达性；加强出行管理，设置严管区和严管道路。

建立更为高效的公共交通系统："公共交通优先策略"是解决园区与城市交通衔接的重要手段，在此原则下，通过一系列公共交通系统组织手段，可在园区与城市之间形成高效、复合、品质化的循环交通网络，如：加密轨交站点，推动轨道交通建设及 TOD 模式开发（图 4-7）；从场站、公交专用道、停靠站等多方面提升运能和竞争力；鼓励单位班车、众筹巴士等团体巴士服务，提供必要的停靠设施；围绕次级客运走廊建设云轨等创新中运量系统，提升片区及基地的对外公交客运能力。

图 4-7　TOD 开发模式

重视慢行交通系统的实施：片区全路段设置人行道及自行车道，辅以二层连廊系统及地下步行通道，形成覆盖全区的舒适、便捷且具不同空间体验的慢行环境；设置非机动车人、货接驳点位及运营管理体系；集约利用空间资源，结合单轨系统设置高架型自行车快速通道，打造复合性交通空间等（图4-8）。

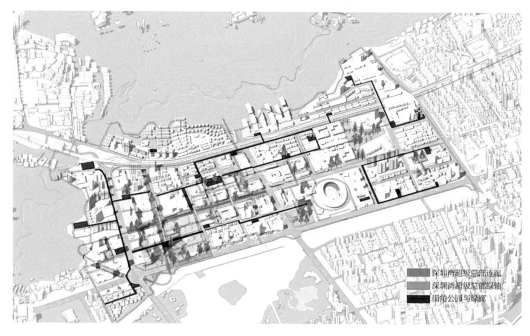

图 4-8　慢行交通系统

另外，充足的城市基础设施容量也是保障立体融合关系形成的必要条件。其中包括：尽量选择高密度区开展基础设施建设，以提高其综合使用率；采用综合管线（廊）的方式整合市政基础设施，并与地下交通、地下商业开发、地下人防设施及其他相关建设项目协调；结合现状城市规划分区、道路网规划及地下管线规划基础上确定园区综合管廊布局；将城市基础设施建设与园区内道路新建、道路改造、旧城整体改造等工程同步；请求政府推动地下管线统一管理等（图4-9）。

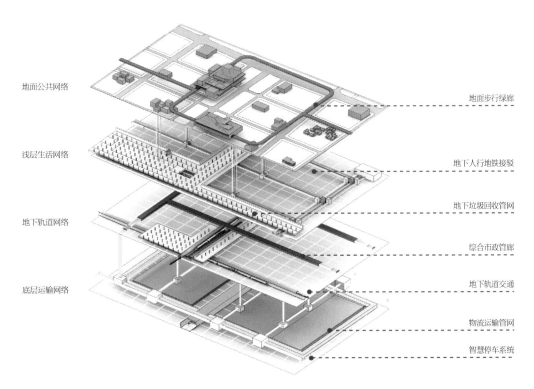

地面公共网络

浅层生活网络

地下轨道网络

底层运输网络

地面步行绿廊

地下人行地铁接驳

地下垃圾回收管网

综合市政管廊

地下轨道交通

物流运输管网

智慧停车系统

图 4-9　综合管廊示意图

第二节
立体聚集

立体聚集是高密度科创城区在立体化规划空间层面的范式表达。除此之外，城区的活力还有赖于其核心本质，即承载了哪些功能及产业。立体化聚集，反映了其高密度的空间形态，提供一种基于高密度立体化科创城区的方法论。全生命周期的维度考量产业空间对产业需求的承载能力，涉及从策划、规划、设计、招商、运营及后评估阶段的综合思考，最终形成依托"多元"而促进产业创新的立体聚集范式。

首先，立体化城区应注重在符合规划要求的前提下，提供适宜的聚集性容量。以深圳为代表的大型城市土地资源稀缺，城市建设开始由增量转向存量发展已成为基本共识，以城市更新为主导的高密度发展也成为近年来深圳城市建设的主要趋势。

形成适度的建设容量，一方面是城市土地稀缺资源高效利用的必然要求，另一方面，较高的建设容量，符合城市作为提高交易效率、降低交易成本的基本属性。通过容量的适度聚集，可将围绕产业的复合化功能进行集中承载，还可大幅降低开发、建设、运营成本，提高产业城区在物质、信息方面的交互速度，符合创新型、知识型企业的高交互要求。

其次，提供多元化的城区功能、形成功能聚集的产城融合是实现立体聚集的核心根本，其功能要素可大致概括为包含城市服务、企业空间、产业服务和生活服务在内的四大方面。

城市服务要素：立体化的科创产业城区，既是创造产业价值的载体，更是城市有机组成部分。在实现自身功能的同时，应履行较为完善的城市职能，使其成为城市的有机组成部分。最为主要城市功能要素包含：医疗配套（包含各种类型、规模、特点的医疗、健康管理设施）、教育配套（幼、小、中全龄层覆盖的教育设施；以及针对不同产业人员的托管服务设施）、文化配套（包括图书、艺术、交流、展示等设施）、居住配套（包括住宅、人才公寓、服务式公寓、廉租房、员工宿舍等）、商务配套（酒店、交易厅、发布厅、会议等设施）、公共空间配套（广场、绿地、运动、休闲等设施）（表4-1）。

城市服务要素明细表 表4-1

分项	项目细分	基本描述	备注
医疗配套	药房诊所		医疗健康管理
	中医医院		
	综合性医院	可分一、二、三级医院	
教育配套	幼儿园		
	小学	可分非完全小学和完全小学	
	中学	可分为非完全中学和完全中学	
	培训中心		
文化配套	图书	图书馆、阅览室	可兼小型活动举办
	艺术展示	博物馆、艺术中心	可兼教育场地
	文化交流		
居住配套	住宅		
	公寓宿舍	人才公寓、员工宿舍	
商务配套	酒店		
	会议发布		
公共空间配套	广场公园		
	运动休闲		

产业功能要素：产业空间是产业企业内部各生产阶段和生产单位的空间总和。围绕产业提供完善的使用功能，是保障园区良性运营的基本前提，其普遍性的功能要素包括以下几方面。

生产类空间：生产空间对于机械设备的空间摆放、仓储物流的流线设置以及专业操作有较高的要求，需根据产业特性、建设情况予以灵活安排，并注重其使用特点、需求与空间设置之间的关系（图 4-10）。

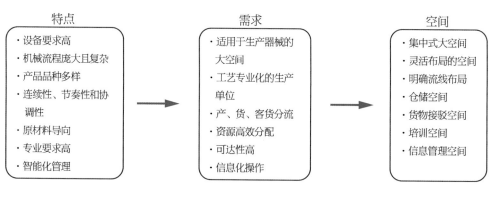

图 4-10　生产类空间需求

研发类空间：以中试厂房、科研用房等代表的研发空间，设置合理比例的研发功能是保障产业自理论、研究、交流、推广流程闭环的重要前提（图 4-11）。

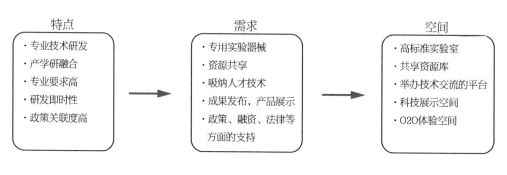

图 4-11　研发类空间需求

办公类空间：新一代科创产业园区是服务于企业全生命周期的园区，处于不同阶段的企业有不同的办公空间需求。因此，园区办公类空间按照企业的成长阶段和规模可分为中小企业办公空间及总部企业办公空间（图 4-12）。

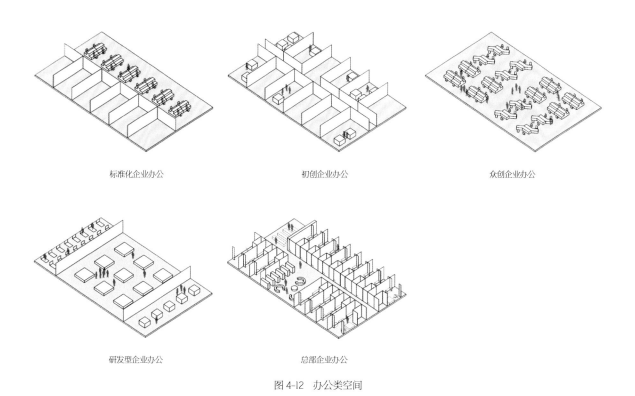

图 4-12 办公类空间

标准化企业办公　初创企业办公　众创企业办公
研发型企业办公　总部企业办公

其中，中小企业办公空间处在成长起步阶段，建筑单体平面布局宜弹性可变，为企业预留远期发展可能性；总部企业是提升园区品质定位及创造品牌效应，吸引更多企业入驻的关键，在科创产业城区前期策划中应该对此有预期规划，选定特定区域为企业度身定做总部空间（图 4-13、图 4-14）。

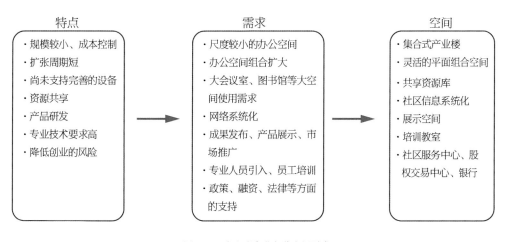

特点
· 规模较小、成本控制
· 扩张周期短
· 尚未支持完善的设备
· 资源共享
· 产品研发
· 专业技术要求高
· 降低创业的风险

需求
· 尺度较小的办公空间
· 办公空间组合扩大
· 大会议室、图书馆等大空间使用需求
· 网络系统化
· 成果发布、产品展示、市场推广
· 专业人员引入、员工培训
· 政策、融资、法律等方面的支持

空间
· 集合式产业楼
· 灵活的平面组合空间
· 共享资源库
· 社区信息系统化
· 展示空间
· 培训教室
· 社区服务中心、股权交易中心、银行

图 4-13　中小型企业办公空间需求

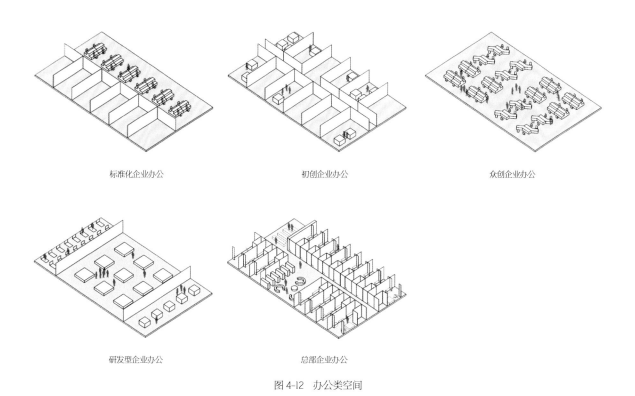

标准化企业办公　　　　初创企业办公　　　　众创企业办公

研发型企业办公　　　　总部企业办公

图 4-12　办公类空间

其中，中小企业办公空间处在成长起步阶段，建筑单体平面布局宜弹性可变，为企业预留远期发展可能性；总部企业是提升园区品质定位及创造品牌效应，吸引更多企业入驻的关键，在科创产业城区前期策划中应该对此有预期规划，选定特定区域为企业度身定做总部空间（图 4-13、图 4-14）。

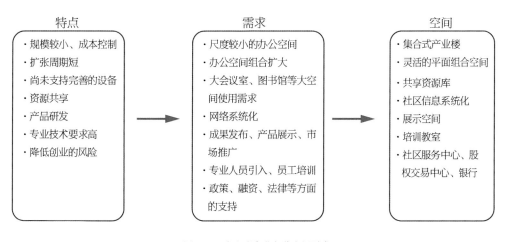

特点
· 规模较小、成本控制
· 扩张周期短
· 尚未支持完善的设备
· 资源共享
· 产品研发
· 专业技术要求高
· 降低创业的风险

需求
· 尺度较小的办公空间
· 办公空间组合扩大
· 大会议室、图书馆等大空间使用需求
· 网络系统化
· 成果发布、产品展示、市场推广
· 专业人员引入、员工培训
· 政策、融资、法律等方面的支持

空间
· 集合式产业楼
· 灵活的平面组合空间
· 共享资源库
· 社区信息系统化
· 展示空间
· 培训教室
· 社区服务中心、股权交易中心、银行

图 4-13　中小型企业办公空间需求

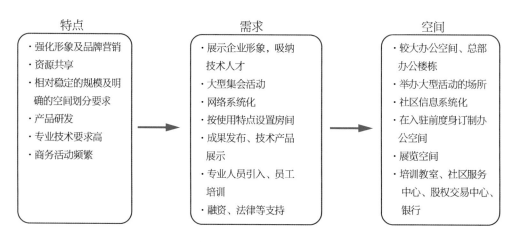

图 4-14 总部企业办公空间需求

产业服务功能要素：围绕生产、研发、办公为主的功能核心，基于"产城融合"的发展需求，立体化产业城区还需建立包括企业配套、商务金融配套、生活服务配套为辅的全维支撑系统。其中：企业配套包含会议、培训、销售、展示等在内，其功能应互相补充，面积宜呈梯度式分布，以提升使用率，同时还兼顾招商、展示、一站式服务等功能（表 4-2）。

产业服务要素明细表   表 4-2

分项	项目细分	基本描述	净高建议	备注
企业配套	会议中心	大型 300 人 中型 100 人 小型 < 100 人	大型 ≥ 5m 中型 ≥ 4m 小型 ≥ 3m	长宽比：大型会议室宜设 2-3 个，小型宜设 1-2 个
	培训室	大型 150 人 中型 80 人 小型 20 人	大型 ≥ 5m 中型 ≥ 3.6m 小型 ≥ 3m	部分可设于办公标准层内
	展示销售	兼顾招商洽谈	≥ 5m	
	办事大厅	一站式服务	≥ 5m	
	多功能厅		≥ 5m	如有运动场地应相应加高

生活服务配套则更加多维，包含了以居住为主的公寓、租赁住宅和自购房，主要服务对象为科创产业园区内的技术人员和管理人员，功能面积比例通常为园区总建筑面积的15%-30%，可提高服务对象的通勤质量和居住品质。根据新的政策，还可以适度配置人才公寓、服务式公寓甚至廉租房或员工宿舍，以满足不同类型的产业人员使用，最大限度实现职住平衡（表4-3）。

生活配套要素明细表　　　　　　　　　　表4-3

分项	项目细分	服务人群	备注
生活服务配套	公寓	技术管理人员	占总建筑面积的15%-30%
	租赁住宅		
	自购房		
	人才公寓	不同经济能力的产业人员	适度配置实现职住平衡
	服务式公寓		
	廉租房		
	员工宿舍		

餐饮配套、商业配套、休闲配套等也是使园区成为具有活力的产业社区的重要一环。餐饮功能应做到种类齐全，档次丰富，以提供各层级服务覆盖。商业配套及休闲配套则讲究细、全、分布均匀，以达到便捷性要求。其他特色型配套，也将成为园区生产、生活闭环的有力支撑（表4-4）。

餐饮配套要素明细表 表 4-4

分项	项目细分	基本描述	净高建议	备注
餐饮配套	集中食堂	集中就餐使用	≥ 3m	设计货运流线、垃圾转运、隔油池、排油烟
	中式快餐	可为自助式快餐	≥ 3m	
	西式快餐	可为自助式快餐	≥ 3m	特殊需求要设置单独流线
	高档餐厅		≥ 3m	非必配
	蛋糕甜点		≥ 2.6m	非必配
	茶座咖啡		≥ 3m	
	冷饮奶茶		≥ 2.6m	
商业配套	休闲服饰		≥ 3m	
	小型超市		≥ 3m	考虑货运流线
	便利店		≥ 2.6m	
	烟酒礼品		≥ 2.6m	非必配
	办公文具		≥ 2.6m	
	诊所药房		≥ 3m	
休闲配套	健身锻炼	室内	≥ 4.5m	
	书店		≥ 3m	
	阅览室		≥ 4m	兼做小型娱乐
	影院	分大中小厅	≥ 6.5m	
	KTV		≥ 3m	
	运动场地	室外		依用地情况安排
	美容美发		≥ 3m	
其他配套	信息中介		≥ 3m	
	汽车养护、充电		≥ 3m	
	物流快递		≥ 3m	可设于架空层和地下室
	特色配套			根据场地特殊需求来设置

产业导入要素：区别于传统的工业区、商务区或物流园，科创产业城区是以创新型产业为基础的高附加值产业载体，除了物理环境之外，产业导入本身的全面性、先导性、至关重要。

首先应确定主导产业、辅助产业和产业组合等关键构成。

主导产业对产业结构和经济发展起着较强的带动作用，具有持续的高增长率和良好的发展潜力，处于生产联系链条中的关键环节，是区域经济发展的核心力量。主导产业的确定应建立在资源优势、劳动力优势的基础上，具有相对集中的自然资源、经济资源和良好的社会发展基础。同时，从实际出发，应科学论证，充分考虑到原有产业基础、产业结构和产业布局，充分发挥资源、地源、资金、技术、人才等优势。并以市场为导向，围绕市场展开，发展区域内具有技术领先或具有较大的技术储备，顺应当今技术发展的潮流，强调环境与经济的协调发展，追求人与自然的和谐。

产业组合分析是将产业生命周期的不同阶段与某个具体产业的技术经济特征结合在一起，需要针对特定的主导产业的特定阶段，选取一些合理的产业进行组合，以便发挥该主导产业的最大效用。如智能制造为主导产业的重点产业组合有卫星制造与运用、航空电子设备、高精度控制机器人、智能终端等；信息技术为主导产业的重点产业组合有新一代电子信息网络、物联网、云计算、集成电路等，产业组合对产业空间的规划设计具有重要的指导意义（表4-5）。

辅助产业是在产业结构系统中为主导产业和支柱产业的发展提供基本条件的产业。辅助产业可分为前向关联产业（上游产业）、后向关联产业（下游产业）及侧向关联产业三类。

制定科创产业城区的产业发展战略，需要分析园区产业链的完整度，明确产业链配套需求，给出具体的产业链设计方案，在高端制造中心、科技创新服务中心、先进龙头企业总部、产研创新企业集群、科创企业总部等不同模式中进行科学适配，同时为产业园区的规划设计提供具有针对性的意见。

产业组合分析 表 4-5

产业	重点领域	关键技术与环节
智能制造	卫星制造与运用	北斗导航系统关键元件，微型小卫星研制
	航空电子设备	关键机载电子设备系统集成，综合指挥调度等机场电子设备系统研制，关键机载电子设备及系统集成地空通信、人机智能交互等核心技术
	高精度控制机器人	多行业机器人研发，具有自主知识产权的服务机器人研制（家政服务、外科手术等领域）
	智能终端	具有自主知识产权的新型可穿戴设备研制（信息娱乐、健身运动、军事等用途）
信息技术	电子信息网络	光通信设备与器件，移动智能终端，集群通信终端
	物联网	物联网设备
	云计算	云储存设备
	集成电路	重点领域芯片（指纹识别、信息安全、物联网、汽车电子、航空航天等领域）
生物医药	医疗器械	医疗影像新材料、器件和核心部件，医学影像系统整机
新材料	高端材料	石墨烯材料，电池添加剂、导热膜、透明导电膜
新能源	新能源汽车	智能汽车关键技术，高效电机
	储能与分布式能源	超级电容、飞轮储能、储能材料

第三节
立体交往

随着产业、科技的快速发展，传统产业与工业融合或剥离的命题在当今已经变得模糊，不同的城市在此方面做出了差异化的选择。由于生产力的不断释放，产业人群的高素质化、知识化已是大势所趋，这验证了为何国内外一线城市的科创产业纷纷回归城市中心区，也向传统的园区提出了挑战：人们除了工作还需要什么？

"立体交往"正是对这一挑战思考的结果：塑造具有正向因素的产业空间，承载更多积极活动，从而得到知识交互带来的增益成果。以"立体交往"为范式的空间营造方法，已逐渐有迹可循。

设定公共办公空间。研究显示，任何两个人有关技术或者科学问题交流的频率，随两人间办公桌距离的增加而急剧下降。传统的独立隔间的办公空间阻隔了交流的可能性，不利于生产率的提高和创造力的激发。更频繁的交流活动是创新的关键前提，为提高企业员工间的交流沟通和部门间的合作共享，同时激发初创企业和个人创业的快速成长，新一代的产业城可提供更多样化的、灵活的创新公共办公空间，如共享办公空间、孵化器及加速器、公共创新中心等，其中，共享办公、孵化器、加速器等都是简便而高效的模式。

植入共享办公。共享办公源于美国 WEWORK 共享办公室，又可称为创客空间或众创空间，是为初创团队或自由职业者提供便捷、低成本的办公场所的服务平台，使用者可以共享空间中的硬件设施、办公软件、配套服务等。共享办公空间提供更适合小型团队和自由职业者所需的小型会议室和私人隔间，同时提供如咖啡区、用餐区等非正式交往空间，使用者可在需要时随时租赁一个办公工位，以低廉的价格享受完整的办公环境和服务，大大降低了个人创业的门槛，从而激发创新可能（图 4-15、图 4-16）。

图 4-15　共享办公空间 1

图 4-16　共享办公空间 2

设置孵化器。在共享办公的基础上，增加产业支撑要素，即可形成孵化器的雏形。孵化器是一种组织，其使命是帮助创业公司成为一个企业，通常包括物理空间、风险资本和辅导活动的合作。孵化器所需的空间有纯粹的办公型空间，也有研发试验空间或生产制造空间（图 4-17、图 4-18）。

图 4-17　孵化器 1

图 4-18　孵化器 2

　　设置加速器。加速器是一种特殊的孵化空间，其目的是为初创企业提供快速孵化必需的资金和场所，加速时间周期较短，通常为几个月，基于此特点，其要求的空间需具有更高的多样性、灵活性和可变性（图 4-19、图 4-20）。

图 4-19　加速器 1

图 4-20　加速器 2

公共服务中心。公共服务中心的服务对象为科创产业园区内的所有入驻企业，为其日常办公活动及发展提供必要的服务，如设置人才中心、党群中心、法务咨询中心、专利交易中心等；也可为企业提供会议交流、产品发布、对外活动或培训等公共空间，以加强园区企业间的交流及推广（图 4-21）。

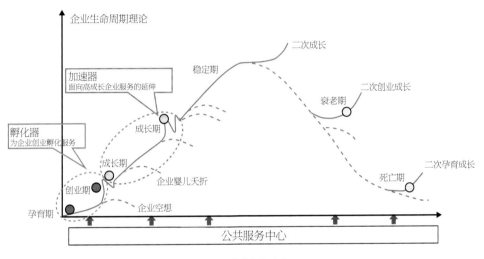

图 4-21　公共服务中心

营造非正式交往空间。正式交往更多的是以特定目的为导向，这类交往是有预先规划的、可以预测的，所需的空间也是特定的，如会议室、报告厅、多功能厅等。与此相对，非正式交往空间是正式交往空间的拓展，其活动更加自由、随机，空间形式也更加多样，且具有一定的开放性和公共性，以适应不同个体的需求。

对于科创产业企业的来说，非正式的公共交往空间正逐渐取代正式办公和会议场所，是与同行业者交流、获取最新信息的重要渠道。科创产业园区中，具有激发非正式交往可能的公共空间主要可分为营利性和非营利性两种。

营利性场所：功能的聚集为产业园区带来了多样的营利性公共场所，包括咖啡厅、餐厅、便利店、酒吧、书吧、健身房等。这些场所在其原本的功能职能之外，可作为小型企业或创业团队的工作场所，也可作为非正式的会议场所，或者是熟人朋友的交流场所。作为能增加交流的可能性，刺激创新的场所，这些营利场所在地理位置、空间设计、运营方式等方面一般具备以下几个特征：全天候开放；临近办公场所或有方便到达的通道；有室外座位；价位适中；有免费的无线网和时尚简约的装修（图 4-22）。

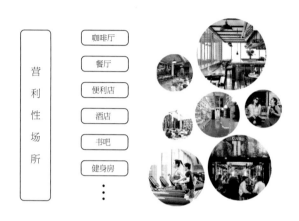

图 4-22　营利性非正式交往空间

非营利性场所：广场、街区公园、空中连廊、架空平台、室外运动场等，都有可能成为园区内非营利公共场所以及创新交流的公共区域。它们一般具备几个特质：毗邻具有活力的营利性公共场所；彼此相连；有阴凉的、可供休息的局部放大的空间等（图 4-23）。

图 4-23　非营利性非正式交往空间

形成立体交往路径。知识型人群早已不受困于传统的办公格子间，这是社会发展的必然现象，也极大地促进了知识交往带来的创新可能。通过立体路径将承载人们交往的空间进行组合，是"立体交往"范式关注的问题之一。

立体路径的形成要关注三个方面：一是立体交通的设置密度及容量，需符合园区整体建设的需求，满足人们的使用频率及习惯，同时能够应对相对极端及瞬时峰值的冲击；二是立体路径的位置，应最大限度临近公共空间、非正式空间及易达性空间，以促进人们在多基面模式下的交流频率及效率，同时减少对一般性正式空间的影响；三是立体路径应最大限度实现全时长的开放，或局部全时开放，并通过面向城市的导示系统，鼓励市民的进入（图4-24）。

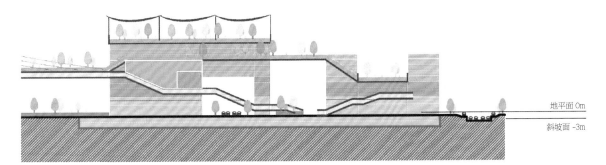

图 4-24　立体交往路径

第四节
立体弹性

本文提到的"立体弹性",严格来说是希望形成对未来高密度立体化城区的思考方式,或是一种对趋势的判断方法。即:以弹性、不确定、可变的思考来取代硬性、确定和固定的思考。而落位在立体化园区这一具象的空间上,可能有以下几方面:

首先,应关注空间设定的未来弹性。随着产业的飞速发展,产业空间本身的物理形态应是一个弹性可变体,这不但需要在规划设计中保持足够的通用性及可改造性,同时借助新的建造技术,使建筑成为一个动态可调节的有机体。这种可调节性不局限于从共享办公划分为单元办公,甚至还包括将办公改为居住,以动态调节职住平衡的可能性(图4-25、图4-26)。

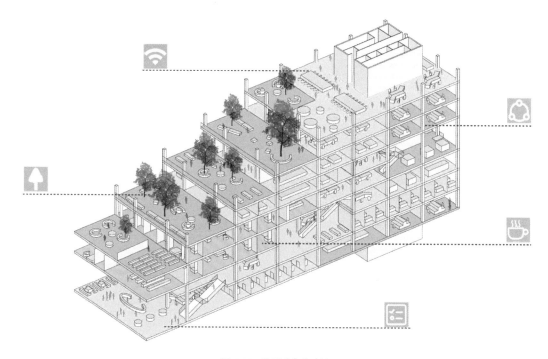

图 4-25　装配式办公建筑

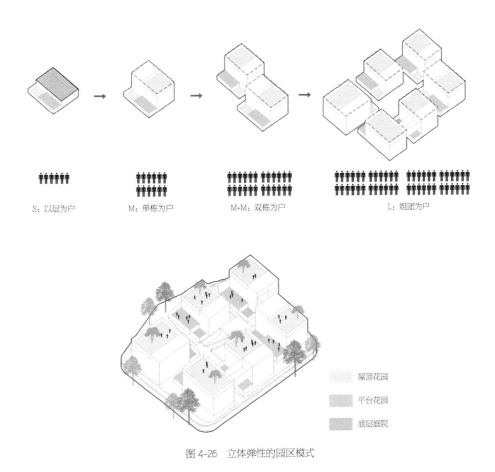

S: 以层为户　　　M: 单栋为户　　　M+M: 双栋为户　　　L: 组团为户

屋顶花园

平台花园

底层庭院

图 4-26　立体弹性的园区模式

其次，城市和产业均具有生命体一般的荣枯交替周期，使立体城区具有容量弹性显得至关重要。这当中不但有统一规划、分期开发等简便办法，还需要基于未来城市、智慧交通、无人驾驶、5G 技术、物联网技术的发展影响，对物理空间需求变化做出预判。比如当人们已普遍使用移动支付及网上银行的时候，传统几百上千的线下银行网点，必将面对逐步收缩、甚至完全消失的命运。保持可增且可减的弹性容量，是立体园区在未来将面临的重要课题之一（图 4-27）。

组织模式的变化，也将深刻影响产业城区的未来建设。从过去基于加工贸易需求而建立的工业园区到以创新为驱动的高附加值产业园区，产业、城市、环境、人之间的组织关系随着时间的推移在不断地变化，传统以各类要素聚集驱动产业繁荣，从而构建一个物理化的产业城区载体的方式正在发生微妙的变化。未来产业组织模式，将有可能朝以"科学生产力"为驱动，以多链式

图 4-27　未来科技

的方式去中心化的方向转变，从而将生产力、物理空间、人进行高效组合。我们印象中由钢筋水泥组合而成的"产业城区"，将越来越像被科技、信息化填充的"产业有机体"，科创企业的存在方式或许也将发生深刻改变。

上述科创产业城区立体化策略的提出，即是对本书前述章节的提炼，亦是对十余年实践的归纳思考。创新的意义在于提供前瞻性的方法与途径，以达到在某个类别或方向上所需的大致目标。然而，社会和科技的进步往往让科创产业的发展出乎意料，在工作、生活、创业方式都急剧变化的今天，通过提炼创新模式来总结过去的经验教训时，不应拘泥于传统思维，而应坚定地秉持着对创新、对未来的思考。

本章参考文献

[1] 本刊编辑部. 城市地下综合管廊设计与施工 [J]. 建筑机械化，2016，37（9）：10-14.

[2] 邓智团. 创新街区研究：概念内涵、内生动力与建设路径 [J]. 城市发展研究，2017，24（8）：42-48.

[3] 王鹏翔. 基于"两型社会"构建的武汉城市圈产业选择研究 [D]. 武汉：武汉理工大学，2011.

[4] 李晓芬，廖奕. 广西中小企业产业选择的评价体系和模型研究 [J]. 经济师，2009，23（1）：226-227.

[5] 李丽. 黑龙江省第三产业内部结构优化及对策研究 [D]. 哈尔滨：哈尔滨工程大学，2006.

本章图表来源

图 4-15：站酷海洛 plus.hellorf.com，
https：//plus.hellorf.com/creative/show/1801358140?source=search&term=525266194%2C696636415%2C1484047868%2C605066441%2C252909277%2C1801358140%2C655956808。
图 4-16：站酷海洛 plus.hellorf.com，
https：//plus.hellorf.com/creative/show/525266194?source=search&term=525266194%2C696636415%2C1484047868%2C605066441%2C252909277%2C1801358140%2C655956808。
图 4-17：站酷海洛 plus.hellorf.com，
https：//plus.hellorf.com/creative/show/696636415?source=search&term=525266194%2C696636415%2C1484047868%2C605066441%2C252909277%2C1801358140%2C655956808。
图 4-18：站酷海洛 plus.hellorf.com，
https：//plus.hellorf.com/creative/show/605066441?source=search&term=525266194%2C696636415%2C1484047868%2C605066441%2C252909277%2C1801358140%2C655956808。
图 4-19：站酷海洛 plus.hellorf.com，
https：//plus.hellorf.com/creative/show/655956808?source=search&term=525266194%2C696636415%2C1484047868%2C605066441%2C252909277%2C1801358140%2C655956808。
图 4-20：站酷海洛 plus.hellorf.com，
https：//plus.hellorf.com/creative/show/252909277?source=search&term=525266194%2C696636415%2C1484047868%2C605066441%2C252909277%2C1801358140%2C655956808。
图 4-27：站酷海洛 plus.hellorf.com，
https：//plus.hellorf.com/creative/show/1484047868?source=search&term=525266194%2C696636415%2C1484047868%2C605066441%2C252909277%2C1801358140%2C655956808。

表 4-1、表 4-2、表 4-4、表 4-5：张一莉.建筑师技术手册：第二版.北京：中国建筑工业出版社，2020。

致谢

《高密度科创产业园区立体化实践》是我近十年来，在孟建民院士指导下与设计团队进行产业城区研究与实践的阶段性总结。这本书的构思，起始于疫情初期，撰写文稿、选择作品、排版校对，经历半年时间终成其稿。

在此我要感谢孟建民院士对我近二十年培养与支持，在创作、实践、研究与生活中都给予我无私的帮助，并在繁忙工作中抽空为我作序。感谢冯志勇、廉大鹏、李优、刘勇高、王敏龙、于海泳、张江涛、吴南华、夏光、魏来等团队主要合作伙伴对成书的大力支持，特别是李优为此做出大量、关键性的协调与统筹工作。感谢本书所涉实践项目的施工图团队负责人：刘琼祥、黄晓东、张文清、罗韶坚、魏国威、苏礼康、薛绪标、潘京平、李忠、冯华、冯咏钢、张建军、陈险峰、徐云、郑朴、吴锐辉、万军、吴风利、廖涛等，以及各参建单位、各专业（专项）设计团队主要负责同事对创作工作的支持。感谢张慧若在成书过程中进行的多轮学术校对。感谢负责排版、摄影工作的陶虓、冬雷、郭宏阳、林喆、冯平、左冬波、徐杰、孔辰承等同事的辛勤付出，以及在各章节中负责图纸绘制、资料整理的钱铖、魏兆琬、袁衍慧、周芯婷、谭茜、沐阳、张柔柔、赵紫怡等同事。

感谢所有支持与帮助过我们的人们！由衷地期望本书能够成为我们团队在创作、实践、研究上的一个新起点，并为相关从业工作者提供一些借鉴参考价值。

杨旭

2021 年 8 月于深圳